图书在版编目（CIP）数据

琥珀 蜜蜡把玩与鉴赏 / 何悦，张晨光编著. — 2版（修订本）. — 北京：北京美术摄影出版社，2012.7

（把玩艺术系列图书）

ISBN 978-7-80501-486-9

Ⅰ. ①琥… Ⅱ. ①何… ②张… Ⅲ. ①琥珀—基本知识 Ⅳ. ①P578.98

中国版本图书馆CIP数据核字(2012)第100380号

把玩艺术系列图书

琥珀 蜜蜡把玩与鉴赏（修订本）
HUPO MILA BAWAN YU JIANSHANG

何 悦 张晨光 编著

出　　版　北京出版集团公司
　　　　　北京美术摄影出版社
地　　址　北京北三环中路6号
邮　　编　100120
网　　址　www.bph.com.cn
总 发 行　北京出版集团公司
经　　销　新华书店
印　　刷　北京顺诚彩色印刷有限公司
版　　次　2012年7月第2版第1次印刷
开　　本　889毫米×1194毫米　1/36
印　　张　3
字　　数　50千字
书　　号　ISBN 978-7-80501-486-9
定　　价　28.00元
质量监督电话　010-58572393

序

本是寒松液，一滴阅千年

我们的地球有着45亿年的历史，这个漫长的过程中，沧海桑田，变化多端，大部分东西无处找寻。不过，历史还算厚道，给我们留下了一些点滴，等待后人去发掘。在这本书里，我们将从中取出一滴，看看它承载的历史。

琥珀，用地质语言来描述，就是第三纪松柏科植物的树脂，经地质作用后，聚合、固化形成的碳氢化合物。这个描述显然不能概括琥珀独特迷人的魅力，因为它晶莹，因为它美丽，因为它承载着无数神奇的传说，同时也承载了人们美好的祝福。

浑然天成的古朴，让琥珀在古代就成为达官、显贵、富豪竞相收藏的珍宝，更因为它蕴藏的生命力量，被人认为是含蓄、智慧的象征。古今中外文学对琥珀的歌颂处处可见，从《山海经》到《本草纲目》，从中国到波罗的海，世界各地关于琥珀美丽动人的传说深植人心，历久不衰。许多神话都将琥珀作为诸神的创作，如希腊神话将琥珀看做是太阳神阿波罗的妹妹的眼泪；北欧神话将其看做海神女儿洒在海中的泪珠；而到了中国，琥珀则被看做老虎的魂魄。各种传说除了为琥珀蒙上了神秘的面纱，也让它成了人类情感的会聚之处。

然而，现实生活中，琥珀更多的是作为宝石饰品材料被人们熟悉，除了外观迷人、价值珍贵外，还有一个重要原因，将它拿在手中把玩时，琥珀在体热作用下能发出一种优雅的芳香，据传有安神醒脑、消痛镇静的作用。古代，琥珀是达官显贵用来显示身份的器物，就连皇帝贵妃们都把琥珀当做吉祥之物。而到了现代，人们在对金、银、钻石逐渐熟悉的同时，眼光也开始转移到琥珀上。琥珀没有金银的奢华，没有钻石的耀眼，非常贴合中国人含蓄内敛的心理。我国古代就以天然琥珀为材料，制成容器、装饰品，如挂珠、鼻烟壶、摆件等，到现代，你可以越来越多地看到。缀在胸、耳、手、颈等地方的琥珀饰品，它不张扬，却能恰如其分地衬托出佩戴者的优雅与修养。现在普通琥珀的价值不高，但如果属于古董、精湛的艺术品，或含有生物遗体，也是非常珍贵的。

蜜蜡，其成分与琥珀基本相同，只是琥珀多透明，而蜜蜡在外形上有"色如蜜，光如蜡"的特点，民间更有"千年琥珀万年蜜蜡"的说法。千年和万年都是一个说法，并不是具体的时间，主要是说明蜜蜡的形成要比琥珀的年代长得多。目前蜜蜡的存世量要比琥珀少得多，是难得的收藏佳品。

现在世界上的琥珀、蜜蜡类型约有100多种，以欧洲波罗的海沿岸国家出产的最为有名，我国只有青藏高原、东北抚顺一带的煤层中曾发现过琥珀。对生物学家或地质学家而言，琥珀的价值在于其中蕴涵的地质信息和历史演变的痕迹，而对于收藏爱好者来说，稀有的内涵生物或良好的品相才是他们看重的。过去，国际市场上收藏琥珀的很少，直到20世纪80年代才开始流行，随着越来越多的艺术品爱好者加入了收藏者队伍，琥珀已经具有成为收藏品市场新宠的潜力，其市场价格也屡创新高。

琥珀艺术品市场不断升温，问题也随之而来，如何区分定价、如何鉴别真伪、如何保养收藏，以及如何从琥珀中获得收藏的乐趣等等，这些都不是随着琥珀的购买而自然得到的。如果您有意收藏或投资琥珀，那就试着从这滴滴寒松液中阅读到更多的东西吧，而这本小册子将带您进入琥珀收藏和鉴赏的大门。

目录

壹　琥珀的前世今生

第一节　琥珀——白垩纪的漂流者

在英文里，琥珀被称为Amber，这个词语来源于拉丁文Ambrum，意思是"精髓"。也有人认为琥珀一词来自阿拉伯文Anbar，意思是"胶"。无论哪种解释，都与琥珀有着比较密切的关系，毕竟它的祖先是松树，说它是松树的精华也好，松树产生的胶质物也罢，都有一定的道理。

琥珀由树脂演变而成

世界上最古老的琥珀，距现在已有3亿年，按地质年代算，它形成于中生代的白垩纪至新生代之间。琥珀的形成一般有3个阶段：第一阶段，由于太阳的暴晒，树脂从柏松树上分泌出来；第二阶段，树脂凝聚到足够大后，从树干上脱落被埋在森林土壤当中，并在这个阶段中发生了石化，树脂的成分、结构和特征都发生了强烈的变化，成为石化树脂；第三阶段，石化树脂被冲刷、搬运和沉淀，由于成岩作用，最终形成了琥珀。

琥珀内常含有昆虫或植物残体

最早有记录的石化树脂出现在石炭纪，但琥珀一直到白垩纪早期才出现，著名的琥珀沉积岩来自波罗的海地区和加勒比海国家的多米尼加共和国。琥珀主要是古代裸子植物的树脂，但现在则有开花类植物所产生的树胶。波罗的海地区的琥珀有时含有昆虫或植物的残体，由此推测该类琥珀可能是在原始松树森林中形成的。

琥珀内部并不是纯净的，常包含有各种昆虫，如蜘蛛、蚂蚁、蚊虫及种子、炭化的树叶等，琥珀的颜色绝大部分都是金黄色的，其原矿呈块状。

琥珀还有另外一个意思，就是海上漂流物。这是因为琥珀与其他宝石矿石比起来，琥珀比重较轻，硬度也很低。大多数琥珀常从海底地层中被海水冲刷出来，在含盐分的海水中呈似沉非沉的状态，受洋流、季风作

琥珀的密度比较小

用漂流到英国、挪威、丹麦等沿海国家。因此，当时的人认为琥珀是在暴风雨后被海浪打上岸的宝石。而从琥珀发现地来看，也多是美国、印度、新西兰、缅甸、多米尼加、墨西哥、法国、西班牙、意大利、德国、罗马尼亚、加拿大、捷克等国家的沿海地区。

公元前 1600 年，波罗的海沿岸的居民，就以锡和琥珀作为货币，与其南方地域的部落交易，换取铜制武器或其他的工具。公元前 200 年，欧洲中部的美锡尼人、腓尼基人和伊特鲁利亚人共同形成一个以琥珀为基础的商业网，同一时期，波罗的海琥珀则经由爱琴海辗转流传到地中海东岸。考古学家就曾在叙利亚挖掘出古希腊美锡尼文明时期的瓶和壶，在容器中发现波罗的海的琥珀项链。公元 5 世纪，罗马人更是远征波罗的海，寻找琥珀，琥珀的交易也在此一时期达到前所

3

金珀琥珀手串

未有的盛况。中古世纪，波罗的海琥珀以宗教器物的用途而风行。

我国琥珀的数量比较少，在我国发现的琥珀中，以东北抚顺为多，青藏高原也偶尔能发现一些琥珀的踪影。抚顺琥珀常与煤层相伴而生，大都呈黄和金黄色，其中还常包含有昆虫，收藏价值颇高。

第二节　琥珀——人们心中的宝物

琥珀在中国古籍中很早就有记录，《山海经》中记载，琥珀有活血化淤、安气定神的功效，还一直被视为辟邪镇宅的灵物。早在新石器时代的遗址中就出土了琥珀雕刻的装饰物，此后历经商周秦汉，琥珀的名贵可以与玉器媲美，两者的发展形影相随。

琥珀，中国古人将其称为"遗玉"、"瑿"，他们对琥珀的认识颇为奇特，宋代黄休复在《茅亭客话》中，收录了一则老虎的魂魄入地，然后化作琥珀的传说。许多人相信了这一则故事，于是琥珀被称为虎魄。对此，李时珍在修订《本草纲目》时也误信为真，他说："虎死则精魄入地化为石，此物状似之，故谓之虎魄。俗文从玉，以其类玉也。"不过，还是有人认识到琥珀的真相，唐代诗人韦应物写诗，生动地描绘出琥珀的形成："曾为老茯神，本是寒松液。蚊蚋落其中，千年犹可觌。"

不管琥珀还是虎魄，它在中国人心中一直都是珍贵的宝物，因为琥珀来自松树脂，而松树在中

鸡蛋蜜寿桃

国又象征长寿，而琥珀作为松树的精华，自然会得到很高的待遇。中国人自古就喜爱松香味，而琥珀和龙涎香更被当做珍贵的香料，唐代《西京杂记》记载，汉成帝后赵飞燕就是把琥珀当做枕头，目的就是摄取芳香。而且有的琥珀不必点火燃烧，只需稍加抚摸，即可释出迷人的松香气息，具有安神定性的功效，被广泛做成宗教器物。

琥珀除了可以加工成饰物或是念珠之外，还有一项重要的作用，就是入药。《山海经之南山经》中就指出琥珀配之无瘕疾，此后，各朝医书也有类似记载，如"白獭髓混琥珀治面颊伤"（《酉阳杂俎》）、"琥珀可止血疗伤"（《杜阳杂编》）等，李时珍在《本草纲目》中记载，琥珀有"安五脏，定魂魄，消淤血，疗蛊毒，破结痂，生血生肌，安胎"等功效。

相传三国时期，东吴孙权的儿子孙和，不慎用刀误伤了心爱的邓

夫人，面部伤口很大。医生就用琥珀末、朱砂及白獭的脊髓等中药配成外用药为其敷治面部伤口，被治愈后不仅不留疤痕，反而更加白里透红、娇艳可爱。从此，琥珀又成为古代妇女"嫩面"的常用之药。而医圣孙思邈的传说则更为神奇，相传他远出行医，途经河南西峡，遇一产妇暴死。在埋葬时，他见棺缝中渗出鲜血来，断定此人可救，便叫死者家人急取琥珀粉灌服，又以红花烟熏死者鼻孔。片刻，死者复苏。众人皆称他为神医，而孙思邈坚不受功，称："此乃神药琥珀之功也。"

目前，中国较多出产琥珀的省份是辽宁、河南和云南。辽宁抚顺的琥珀主要产于第三纪煤层中，与煤玉等共生，其成分与波罗的海沿岸的琥珀近似，半透明，有血红色、金黄色、蜜黄色、棕黄色和黄白

植物琥珀原石手把件

色等多种颜色，据颜色特征分别被称为血珀、金珀、香珀、灵珀、石珀和蜜蜡等，该产地也发现少量有昆虫或植物包体的珍贵琥珀——虫珀。

河南西峡县的琥珀主要分布在上白垩纪灰绿色细砂岩和灰黑色细砂岩中，分布面积近600平方千米。琥珀在地层中呈瘤状、窝状产出，每一窝的产量十几到几十公斤不等。琥珀大小从十几到几

银饰琥珀项链

十厘米不等，颜色有黄色、褐黄色和黑色，其内偶尔可见昆虫包体，而大多含有砂岩及方解石、石英包裹体。过去该地的琥珀主要作为药用资源，1953年后开始用做工艺品，现每年有上千公斤的产量。1980年曾采到一块重5.8千克的大琥珀。云南的永平保山历史上曾有过出产琥珀的记载。目前丽江等地的琥珀主要产自盈江第三纪含煤地层中，大小以1到4厘米者为多，颜色为蜡黄色，半透明，目前并无大规模开采。

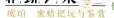

小贴士

怎样鉴别波罗的海琥珀

当前，波罗的海是全世界最大的琥珀产区，这里的琥珀主要形成于4000万年前的始新世。波罗的海琥珀常呈橘黄或柠檬黄，有的澄清透明，有的呈半透明状。它的树脂来源于一种松科植物，当时它们生长在亚热带森林中，它们的内含物也能为我们提供一些关于当时气候的重要信息。

对于波罗的海琥珀来说，在鉴别的过程中一定要注意3个比较重要的特点：

首先是看里面是否有橡树毛。橡树毛来自橡树的雄花，春夏之交会在森林里漫天飞舞，这个时候产生的琥珀就很容易带上它。所以除了能帮助判断琥珀的产区之外，琥珀内的橡树毛还可以说明这块琥珀形成的季节。

其次是看是否含有一些白色的包裹体。波罗的海琥珀的内含物通常会被一种白色物质包裹。内含物被树脂包裹后，生物内部的液体会慢慢从体表渗出，形成白色包裹体。据分析，白色主要是组织分解产生的微小气泡造成的。

最后要看是否带有黑色的二硫化铁晶体。波罗的海的琥珀中经常有冰裂纹，而在裂纹中常能看到黑色的物质，它们是二硫化铁晶体。

万年蜜蜡

　　英国一位诗人曾写道："蜜蜡象征永恒的爱侣，不断地散发莫名魅力，愿每天为它写下千百首赞美情诗，来表达对它那份热切追求的心意，并全心全意地去爱，无论置身于哪一个时空中，蜜蜡之美名就如它本身一样的纯洁，一样的完美……"

第一节　蜜蜡常识

一、蜜蜡的定义

　　蜜蜡，从成分上来看，和琥珀是基本相同的，只是因为琥珀多为透明，而蜜蜡在外形上有"色如蜜，光如蜡"的特点而得名。民间更有"千年琥珀万年蜜蜡"的

9

说法。当然，千年和万年都是一个说法，并不是指具体的时间，主要是说明蜜蜡的形成要比琥珀的年代久远。

蜜蜡原矿内含一只蜘蛛

从年代上来计算，琥珀是4000万年至6000万年前针叶树木的树脂深埋于地壳内部，经过亿万年的演化形成的一种树脂化石。如果按透明度来划分，可以分为透明和不透明的。不透明的琥珀，一般是因为埋藏时间过久，成分变化大，这种琥珀颜色似蜜，具有蜡状的光泽和质感，传统上习惯叫它"蜜蜡"。蜜蜡的形成时间甚至超过亿年，目前发现的较少，比琥珀更珍贵。

二、蜜蜡的产地

蜜蜡和琥珀一般是波罗的海和北欧出产的最著名，主要是该地地质条件十分适合蜜蜡形成。波罗的海很早就有关于蜜蜡的记载，被视作传统的蜜蜡产地。另外，珍奇蜜蜡的出产地还有中东，例如伊朗、阿富汗，在缅甸、巴基斯坦等地也有大量出产。世界不同地方的矿物质有很大区别，直接影响了蜜蜡的色彩和光泽，这也构成了蜜蜡家族的丰富多彩。

三、蜜蜡的颜色

蜜蜡的色彩是其最值得称道的特点之一，这些色彩依托的是各地的地质条件，如矿物、水质、土壤等，自然界中的许多因素都对蜜蜡的种类、色泽有着复杂的影响。正是世界各地地质条件的丰富多彩，让蜜蜡世界色彩缤纷。要想搞清楚蜜蜡颜色的成因不是一件容易的事情，不过经过多年研究，人们还是从现代科学的角度对蜜蜡颜色的成因进行了一定的解释。

蜜蜡原石手把件

1. 黄色蜜蜡

这种蜜蜡含琥珀酸多，主要是因为蜜蜡形成的地层中土壤酸性较重，蜜蜡受酸性条件的影响，形成了黄色。

2. 蓝色蜜蜡

在地质学中，有一种"蓝土层"，这种土层沙土比较疏松，含有云母和石灰质，蜜蜡如果长久埋在这种土层中，会逐渐受沙土中的石灰质和氧化钛影响而变成蓝色。

3. 绿色蜜蜡

某些化学物质，如硫、硫化物、硫酸铜等，都带有浓浓的绿色，这些物质沁入蜜蜡中，能使蜜蜡变为绿色，乃至蓝紫色，所以如果蜜蜡形成

绿蜜蜡手把件

的环境中含有上面的物质，会呈现绿色。

4. 红棕蜜蜡

铁矿、朱砂或锰等沁入，会使蜜蜡变成红色、棕色或更深的褐色和咖啡色。

5. 土色蜜蜡

蜜蜡如果受地热长久影响，颜色会很深，如红、绿等，但如果长埋雪地，受地热影响较少，会有土色、米白色蜜蜡出现。

6. 黑色蜜蜡

腐殖土较多的地层和含煤炭较多的地层，会让蜜蜡颜色变深，长期埋藏，会形成咖啡色、黑色、灰色或墨绿色。

总而言之，蜜蜡的颜色和其形成时的地质条件有很大关系，上面所说的都是单一地层对蜜蜡的影响，一旦两种或两种以上颜色同时影响蜜蜡，并在地质活动中融为一体，会出现多不胜计的变色，这正是自然界的神奇所在。

第二节　蜜蜡的功能

一、蜜蜡的佩戴与装饰作用

有人说蜜蜡是大自然赐予人类的宝物，这句话并不过分，想想蜜蜡的产生需经千万年，这中间经历的沧桑自不必说，更重要的在于蜜蜡的变化，它几乎个个不同，而且肌理细腻，触手温润，有的让人心绪宁静，有的让人热情奔放，是怡情的一种上佳饰品，古代皇帝贵妃

鸡蛋蜜手串

们就曾佩戴蜜蜡饰品，或以其装饰居室。

到了现代，在人们对金、银、钻石逐渐熟悉后，眼光开始转移到蜜蜡上，蜜蜡没有金银的奢华，没有钻石的耀眼，极其贴合中国人含蓄的心理。我国古代就以天然蜜蜡为材料，制成器物、装饰品，如挂珠、鼻烟壶、摆件等。到现代，你可以越来越多地看到缀在胸、耳、手、颈等地方的饰品，它不张扬，却衬出佩戴者的雅致与修养。

二、蜜蜡的医疗功效

蜜蜡从本质上来说，是一种化石，它深埋地下逾百万年，在各种地质条件下，吸取周围的各种元素。一般来说，每种蜜蜡中都有许多元素，而且大多都是对人体有益的矿物元

蜜蜡具有多种药用功能

13

素及微量元素，有的可以畅通气血，加速代谢，清除毒素，有的则能提高抗病力及抗衰老。如果用蜜蜡制成饰品佩戴，或者以其按摩患处，可大大缓解腰酸、背痛、风湿、疼痛、肩周炎、高血压、皮肤过敏、失眠、肥胖等疾病，还会对肿瘤、骨质疏松有一定预防作用。

蜜蜡的这种功效在历代都经过证实，药王孙思邈曾将蜜蜡制成药粉治病，李时珍在《本草纲目》中，也曾记载了蜜蜡的药用方法，认为其可以宁心利肺、预防结石，而且还能明目，数代前辈的经验总结让蜜蜡被评为"中医五宝"之一。

蜜蜡的治疗方法也非常简单，就是长期佩戴，或者拿在手中把玩，蜜蜡的药性会被皮肤吸收，经血液流遍全身，日积月累，身体会慢慢吸收蜜蜡中的有益元素，使疾病改善，更能起到防病强身的功效。一般来说，每种蜜蜡都含有不同的元素，对不同疾病有不同的疗效。以下是一些蜜蜡可以医治的常见病：

黄蜡能医治鼻炎、鼻敏感、胃炎、肺弱等，类似的还包括黄晶蜡、黄丝蜡等。

绿蜡能治头晕、颈痛、痛经等病症，绿丝蜡、绿晶蜡等也有类似功效。

啡金、海府蜜蜡、雪蜜蜡能治失眠、风湿、肿瘤。

红晶蜡、红丝蜡、红蜡能治心肺病、高血压、中风。

茶晶蜡、茶丝蜡等茶色蜜蜡能医治体重不平衡、肥胖等。

蓝蜜蜡、黑蜡能治妇科病、下肢浮肿、白发、脱发、夜尿、排尿不利、肾虚、肾炎、前列腺肥大。

松蜡能治咳嗽、气管炎及鼻敏感。

蓝精云能增强记忆，使人身心愉快。

三、蜜蜡的灵性

蜜蜡与琥珀同属一宗，都是古松树脂埋在地底深处，经过亿万年的演化形成的。由于其形成原因与过程，人们将蜜蜡称为蕴藏大地安定力量的容器，有调和阴阳的功用，是大自然的神奇珍宝，能够益寿延年、祛病消灾。

老蜜蜡佛手

除了能佩戴、欣赏、装饰之外，蜜蜡比较大的作用就是辅助灵性修行。传说佛门有七宝，蓄纳了佛家的光明与智慧，而蜜蜡就是"佛门七宝"之一。据佛教经典，蜜蜡能使人进入神圣的境界，长期佩戴蜜蜡，可以吸收其中的灵性，让生命达到升华。由于佛家常常把蜜蜡供奉在佛像前，还发现蜜蜡在佛像前会产生不同的变化，有的变得像玉一样无瑕，发出宝石一样的光辉，有的则发出闪亮的金星，璀璨瑰丽，非常难得。更有传说称西藏的蜜蜡念珠如果常年在佛像前，会吸纳一种神奇的力量。有人认为这是蜜蜡感受到佛祖的智慧而形成的，其实这是蜜蜡受到香油、灯火的熏烤，产生的变化，不过，这也代表了人们美好的愿望。一般来说，人们认为将蜜蜡戴在不同部位，会有不同的功效。

1．眉心

将蜜蜡与眉心接触，可去除杂念，让人头脑更加清楚，有助于冥思和静坐。

2．喉头

将蜜蜡置于喉头，可以加强沟通能力，让人言语明晰、个性开朗，有助于完成远大的目标。

3．胸口

将蜜蜡放置胸口，能让心情平静，让情感约束在理性下，有助于找到真正的心灵伴侣。还能改善疾病，强身健体。

第三节　蜜蜡的收藏与把玩

一、蜜蜡的收藏价值

自古以来，琥珀深受世界各地之皇室、贵族、收藏家、百姓的钟爱，它不只被当做首饰、颈饰等装饰品，更因为具有神秘的力量而获得一

蜜蜡鼻烟壶

致的推崇。那么，蜜蜡和一般的琥珀相比，究竟有怎样独特的收藏价值呢？

1. 数量稀少，升值潜力大

蜜蜡是琥珀的一种，乃"始新世"松树、枫树及其他针叶树之脂汁深埋地下石化而成，距今已数千万年乃至1亿数千万年。故世间有"千年琥珀，万年蜜蜡"之说。从目前的市场销售价格来看，蜜蜡首饰通常是琥珀首饰的2倍。尤其是多年珍藏的老蜜蜡，更是价格惊人，例如北京2009年的一次慈善珠宝拍卖会上，一条清代出产的蜜蜡项链以38万元高价成交，价格堪比翡翠钻石。

2. 历史悠久，符合华人收藏心理

由于审美情趣的差异，中国人更喜欢蜜蜡，而西方人则更喜欢琥珀。在古代中国，蜜蜡因其"色如蜜，光如蜡"而被誉为"北方之金"，是达官贵人竞相收藏把玩佩戴的宝物。古代皇帝贵妃们视蜜蜡为吉祥之物，它也同时象征着权力，清朝皇帝、皇后、显宦和富绅所挂的朝珠和挂珠很多就是蜜蜡做的，可见蜜蜡的地位十分尊崇。特别是明黄色的蜜蜡，是清代皇家享用的专利。因此，从华人的收藏心理来看，蜜蜡具有无可比拟的独特优势。

3. 资源匮乏，收藏之风更盛

考虑到目前蜜蜡资源日趋稀罕，特别是名种蜜蜡矿藏已近乎枯竭，因此蜜蜡更是受到了市场的热烈追捧。所以从长期来看，蜜蜡具有的保值、升值空间是非常巨大的，而最近几年蜜蜡市场价格的疯长也充分证明了这一点。

二、当今蜜蜡的市场状况

最近，蜜蜡在国内外市场上受到越来越多的欢迎，有和金银、水晶饰品并驾齐驱的趋势，直接结果就是导致蜜蜡价值不断攀升，可以说，全球已经掀起蜜蜡的收藏热潮。一般来说，市场上常见到的蜜蜡有以下几种：

1.多米尼加蜜蜡

多米尼加蜜蜡多是由一种叶子与榕树颇似的豆科古植物的树脂石化形成的，非常精美，而且发现得比较少，是珍贵的蜜蜡品种之一。

蜜蜡原石手把件

2. 雪山蜜蜡

雪山蜜蜡产在中东和非洲，它之所以叫雪山蜜蜡，不是因为产自雪山，而是因为这些蜜蜡的色深、滋润，同时色层、流纹非常丰富、变化多端，好似雪山胜景。此类蜜蜡有啡雪山、蓝雪山、黄雪山等。

3. 水蜡

水蜡所含杂质较少，外观比较透明，被许多收藏者所青睐。

另外，比较常见的蜜蜡还有内部有丝状条纹的丝蜡、奶黄色和金黄色波罗的海蜜蜡等，其中以多米尼加蜜蜡价格最高，雪山蜜蜡和水蜡略微低一些，当然这也不是绝对的，还要看谁年代更久远一些。接下来，依次是丝蜡和波罗的海蜜蜡，这些蜜蜡一般相差不大。

我国常见的蜜蜡大部分不是产自国内，而是从俄罗斯、立陶宛等地进口的，这些地区的蜜蜡多为橙黄色、偏棕色、柠檬黄色，颜色一般较浅，常被用来做小雕件。明黄色蜜蜡则比较少见，这些蜜蜡大多数是以前开采的，品质相对较高，现在发现的已经不多了，收藏者都希望买到，在青海、西藏等地这种老黄蜡的拥有量很大，但价格也很贵。

三、购买蜜蜡的注意事项

1. 传统蜜蜡的 3 个来源

蜜蜡仿古印章

波罗的海是现在蜜蜡开采量最多的区域，世界上近一半的蜜蜡都出自那里。波罗的海蜜蜡的特点是软、脆，加工难度比较大。波罗的海蜜蜡都要经过烘烤这道工序，即把蜜蜡原石放在特殊的烤箱中烘烤，直到其颜色变亮，硬度变硬后，再进行雕刻和打磨。美中不足的是，烘烤过的蜜蜡中的香味已经挥发殆尽，对于惯

蜜蜡龙珠

于"闻香"的蜜蜡把玩者来说，还是有点不太适应。一般来说，波罗的海的蜜蜡最常见，也最便宜。

第二个大产地则是伊朗，其产品大多都经过各种渠道转卖到各地。伊朗蜜蜡不是普通棕色或黄色的，而是五颜六色的，有红、粉红、黄、蓝、绿等，而且种类也比较多，包括水蜡、丝蜡、雪山蜡、晶蜡等。伊朗蜜蜡最珍贵的要算粉红蜜蜡，这种蜜蜡只有伊朗出产，在当地被看做国宝，价值不亚于红宝石，许多人都视收藏到一块这样的蜜蜡为荣。

第三个则是阿富汗蜜蜡，这种蜜蜡以黄色为主，属于中档水平，颜色比较纯净。

2. 收藏蜜蜡的标准

自从蜜蜡开始成为珍贵收藏品后，市面上的赝品、伪品也越来越多，由于蜜蜡收藏起步较晚，尚未普及，一般消费者还不具备太多的辨认知识，有时就连很有经验的玩家也会受骗上当。真假蜜蜡价钱差距很大，一旦买到假蜜蜡，损失钱财不说，更会打击许多收藏者的信心，因此必须具有基本的鉴赏知识。一般来说，蜜蜡应从以下几个方面鉴别：

（1）是天然还是人造；

（2）是纯正还是有杂质；

（3）是旧工还是新品；

（4）是自然入色还是人工染色；

（5）是完好还是有残破等。

不过也有的蜜蜡有天生的瑕疵，如砂眼、磨痕等，这些问题与赝品又不是一个概念，虽然品相稍差，但还是可以收藏的。

四、蜜蜡的养护

1. 勤把玩

把玩蜜蜡可以让内部元素挥发出来，同时让外观看起来光滑，是蜜蜡最好的养护方法，不过把玩的时候一定要注意环境，不要靠近高温的地方，也避免接触化学品。

象牙白蜜蜡手把件

2. 防暴晒

蜜蜡经过玩家长期佩戴，色彩会变得更加鲜活、晶莹，一定注意不要长期暴露在旷野里，否则，色调会慢慢变淡。

小贴士

佛门七宝

　　佛门七宝分别是：金、银、琉璃、珊瑚、蜜蜡（即琥珀）、珍珠和玛瑙。在这七宝之中，尤其以蜜蜡最为珍贵，是佛家的吉祥之物。因为蜜蜡是一种美善的伏藏，包含物质与心灵的巨大功效，所以佛门以蜜蜡象征尊贵、吉祥，作为清净正信之物。因其象征着普度众生，所以大德高僧

清代"鹤顶红"蜜蜡手串

的胸前总挂着一串高贵的蜜蜡念珠，以示尊严。蜜蜡亦为众生所爱戴，被视为具法相之宝，慈悲大爱，清净离垢，法喜充满；修佛之人的念珠亦可见雕刻各种符号与炙痕或打上银钉，以表示不同的意义。在禅宗弟子之中，有炙痕的念珠尤其神圣，这些都是了不起的佛门法器。

　　蜜蜡在藏传佛教尤其受到重视，用它做念珠和护身符，有强大的辟邪趋吉功效，传说西藏多蜜蜡，但西藏实际不产蜜蜡，原先只产在缅甸、印度、朝鲜等地。清时藏传佛教兴盛，皇帝从国外进口许多蜜蜡、珊瑚以供养西藏的喇嘛，所以，在西藏有这些东西流传。

叁 琥珀、蜜蜡的多彩世界

　　琥珀、蜜蜡的祖先是松树，从它由松树上分泌出来，埋在森林土壤中开始，经过冲刷、搬运和沉淀等地质作用，直到形成琥珀后，它已经变成了一种新的化合物。虽然琥珀由树脂变化而来，但其中已经融入了各种元素，形成了不同的形状、硬度、颜色等，甚至连香味都有了变化。

　　最丰富，也最有意义的是琥珀内部，里面可能有种子、果实、树叶、泥土、沙砾、碎屑，也可能有苍蝇、蚊子、甲虫、蚂蚁，还可能有各种形状的气泡。这些东西构成了美丽的图案，人们将这种现象比作"外射晶光，内含生气"，这些内涵物让琥珀的世界多姿多彩。

第一节　琥珀的划分

一、按产地划分

1. 波罗的海琥珀

波罗的海南岸附近岛屿众多，而且风平浪静，是琥珀形成的最佳地带，这里的琥珀出自渐新世（地质年代）松脂化石，质感格外细腻，多以金黄色系为主，最大的特点是块大、颜色好，且其内部常可看见各种动植物的包体，而形成珍贵的包体琥珀。目前，这里是世界最大的琥珀产地。

2. 西西里琥珀

意大利的西西里岛也是一个类

琥珀内常含有动植物包体

似波罗的海的琥珀产地，这里的琥珀多形成自周围的岛屿，在海流作用下将琥珀积攒到附近，这里的琥珀多为蓝色和绿色，还有红色和橙黄色，色调较暗。

3. 中国、缅甸琥珀

中国和缅甸也是琥珀的产地，真正产于缅甸的琥珀为褐黄色或暗褐色，老化的琥珀则为红色，比波罗的海琥珀稍硬，常有许多裂纹。由于早期缅甸琥珀主要依赖于中国市场，往往通过中国再卖到世界各地，所以中国琥珀和缅甸琥珀的界限有时并不明显。中国出产琥珀较多的

蓝珀原矿（内含植物）

地方则是辽宁、河南和云南等省，尤其是辽宁抚顺琥珀非常有名。抚顺琥珀多与煤层共生，但成分与波罗的海沿岸的琥珀相似，金黄色、蜜黄色、血红色较多，按种类则有金珀、血珀、灵珀、香珀和石珀等。据记载，抚顺曾发现过少量包有昆虫或植物的虫珀，这也是非常珍贵的琥珀。

4. 罗马尼亚琥珀

色呈微褐黄色至褐色，也可以是微褐红或红色，其含硫量高于波罗的海琥珀。

二、按发现地划分

1. 海珀

海珀因分布于沿海地区而得名，多见于北欧、英国。海珀透明度高，质地晶莹。当海珀形成后，经海浪侵蚀，会释放出来，由于海珀密度

蓝珀手串

低于海水，所以人们常常可以在海面上看到漂浮的海珀。海珀在漂浮过程中，经过海水的冲刷，外形在海浪冲刷下形成，比较自然，质量常优于其他琥珀。

2. 坑珀

坑珀主要开采自矿山上，其中波罗的海沿岸矿坑中出产的琥珀最有名，不过质量一般不及海珀。

三、按颜色、纹饰、密度划分

琥珀的颜色是由其中含有的矿物质决定的，所以颜色繁多，在人们的概念中，不同色系的琥珀有着不同的意义，如金珀代表财运，血珀代表辟邪等。根据琥珀的颜色、透明度、纹饰等，可以对其进行一个简单的划分。

1. 血珀

血珀颜色赤红，放在强光下照射，一般显示成褐色。被认为是上等琥珀的代表，对促进肌肤的血液循环有非常大的帮助。

2. 金珀

金珀也就是金色的透明的琥珀，晶莹如同水晶，透明是其最大的特色，其中以波

清代中期的血珀山子

金珀玫瑰花项链

兰金珀最为著名，这种琥珀是非常珍贵的。

3. 石珀

石珀大多是已经有一定程度石化的琥珀，一般为黄色透明，硬度较大。

4. 花珀

花珀的魅力在于其各种颜色互相搭配构成的花纹，有的是红黄搭配，有的是红白相间，这些花纹如绢丝缠绕，十分漂亮。

5. 香珀

顾名思义，香珀就是带有香味的琥珀，它并不是指琥珀固有的松香味，而是因为其中含有芳香生物的结果。

6. 虫珀

"琥珀藏蜂"是收藏琥珀的人最熟悉的一个词，这就是指的虫珀，虫珀中一般包含的都是昆虫，除做饰品外，还有研究价

虫珀手把件

明珀观音头（立体雕）

值，现今已发现昆虫种属达到 50 多种。

7. 明珀

明珀颜色好像松香，或者更深一些，呈现橘红色，一般透明度较高。

8. 蜜蜡

蜜蜡是琥珀的一种，蜜蜡由于含琥珀酸较高，不容易折射光线，呈不透明或半不透明状，所以被人们区分出来。蜜蜡与琥珀一样，戴久了会因人体温影响，使琥珀酸减少，从而慢慢变得透明。

佩戴贴士：无论是古代还是现代，琥珀大多都被作为装饰品使用，尤其是护身符最多，还有一些驱病除魔的辟邪物也常常用琥珀、蜜蜡制成。在西方，琥珀被当做 11 月份的生辰石，认为出生在狮子座、双鱼座、巨蟹座、天蝎座的人佩戴琥珀比较容易交好运。

蜜蜡原石手把件

四、金珀、明珀、血珀的佩戴意义

金珀龙龟挂件

金珀：金珀色泽金黄，通体晶莹透亮，是琥珀中等级最高的品种。在行家眼里，金珀以清澈透明者为上品，能自然散发光芒的更是难得。将金珀佩戴在身上，颇能显示尊贵的身份。现在金珀的存量十分少，同样大小的金珀和黄金比起来，前者要远远高于后者。

明珀：明珀通体透明，颜色淡雅，比较容易体现佩戴者清新、活泼的性格，比较适合性格开朗、天真率性的女性佩戴，颇有灵动和娇柔之美。而且明珀还能使人显得神智清明、思维活跃。

血珀：血珀在医书上也被称为医珀，这种琥珀色彩浓重，主要是因为其中含有多种微量元素，对人体有很大的益处。在洗脸后，用血珀摩擦面部，非常

血珀雕鸣蝉

有利于促进肌肤的血液循环，对改善气色有很大的作用。由于红色代表一种神秘、幽深，比较适合性格内向、做事严谨的人士佩戴。

第二节　虫珀的故事

　　20世纪70年代生的读者应该还记得小学课本上一篇名叫《琥珀》的课文，这篇课文的作者是德国科普作家柏吉尔，他用生动的故事讲述了琥珀从白垩纪形成并漂流到人们面前的过程。

金珀手把件（内含昆虫）

　　"一个夏天，太阳暖暖地照着，海在很远的地方翻腾怒吼，绿叶在树上飒飒地响。一个小苍蝇展开柔嫩的绿翅膀，在太阳光里快乐地飞舞……有个蜘蛛慢慢地爬过来，想把那苍蝇当做一顿美餐。它小心地划动长长的腿，沿着树干向下爬，离小苍蝇越来越近了……蜘蛛刚扑过去，忽然发生了一件可怕的事情。一大滴松脂从树上滴下来，刚好落在树干上，把苍蝇和蜘蛛一齐包在里头。小苍蝇不能掸翅膀了，蜘蛛也不再想什么美餐了。两只小虫都淹没在老松树的黄色的泪珠里。它们前俯后仰地挣扎了一番，终于不动了。松脂继续滴下来，盖住了原来的，最后积成一个松脂球，把两只小虫重重包裹在里面……后来，陆地渐渐沉下去，海水渐渐漫上来，逼近那古老的森林。有一天，水把森林淹没了。波浪不断地向树干冲刷，甚至把树连根拔起。树断绝了生机，慢慢地腐烂了，剩下的只有那些松脂球，淹没在泥沙下面……又是几千年过去了，那些松脂球成了化石。海风猛烈地吹，澎湃的波涛把海里的泥沙卷到岸边……"

几千万年后，那颗松脂球形成的琥珀就是今天闻名于世的——虫珀。从科学角度来看，科学家们可以通过里面的小昆虫，研究当时环境下昆虫在数量和种类方面的数据。而从收藏角度来看，这种琥珀中有昆虫存在的现象，被统称为"琥珀藏蜂"，这种虫珀被认为是琥珀中上佳藏品。

虫珀被认为是养身琥珀，对身体很有好处。尤其是在欧洲，昆虫琥珀被视为吉祥物。这主要是因为西方的星相理论将昆虫与星座联系了起来，从而引申出许多吉祥的意义，把心形昆虫琥珀送给爱侣，象征爱意和关怀。另外，虫珀还被认为能驱除和阻挡邪恶，象征着勇敢和不怕痛楚的精神，同时是对对方快乐和长寿的祝福。

第三节　闻名于世的琥珀宫

琥珀的珍贵之处，在于它的独特性，每一颗琥珀都蕴涵着不同的美丽故事，里头的结晶、纹路、内含物，就像一把时光的钥匙，开启被凝结的遥远时空。当然，在艺术与时尚的背后，真正引起琥珀旋风的原因，不是其高贵的质

琥珀玫瑰银饰

感，而是其美丽的故事与神秘的能量。

一、德国的财宝

18 世纪初，经济发达的普鲁士王国处于鼎盛时期，而当时的侯爵

金珀葫芦

弗里德里希认为自己非常伟大，应该与欧洲其他国家的国王们平等，于是便在 1701 年加冕做了普鲁士国王。为了庆祝国王加冕，从 1701 年到 1711 年，各国工匠用了 10 多年时间在柏林王宫中建造了一个规模浩大的建筑，这就是琥珀宫。

工匠们用上好的琥珀制作墙壁上的木雕与镶嵌装饰。德国人把琥珀称之为"北方的金子"，这种琥珀主要产自当时属东普鲁士的柯尼斯堡（现为俄罗斯的加里宁格勒），18 世纪起那里的人们就从事着世界上最大的琥珀开采。

琥珀需要在地下埋藏 400 多万年才能形成，而把天然琥珀加工成装饰品难度很大，工艺水平要求极高，单琥珀宫工程就耗时 10 年之久。1713 年，弗里德里希一世国王去世，儿子威廉一世继承王位。但威廉不喜欢那些富丽堂皇的建筑，而更热衷于美女。因此，他很少光顾这个房间，对柏林王宫里的琥珀宫并不过分珍爱。他曾说：琥珀的魔力

非常强大，但这个魔力并不适合每一个人。

二、俄国沙皇的赠礼

18世纪中叶，欧洲大陆战争连年不断，为抵御外来侵略，俄国和

半琥珀半蜜蜡玫瑰花

普鲁士两个王国决定结盟。1716年俄国沙皇彼得大帝亲自来柏林访问，两国国王相见恨晚，结下深厚友谊。俄国沙皇向普鲁士国王赠送了厚礼，其中包括55个俄国卫兵、一只划桨船、一架木工用的车床，还有沙皇亲手制作的木酒杯。当时威廉一世只准备了一件礼物——一艘皇家豪华游艇。普鲁士国王感到回礼过轻，在他一筹莫展之时，他听说彼得大帝参观琥珀宫后赞不绝口，于是便将琥珀宫送给彼得大帝。从此这座价值连城的琥珀宫便成了俄国沙皇的宝物。1717年，琥珀宫被运到圣彼得堡。

三、不可估量的艺术价值

琥珀宫面积有500多平方米，仅琥珀室占地就有200多平方米。宫中所有的装饰品，包括桌椅、墙壁、嵌板、镶条、地面、烛台、人物雕像、各种立体花纹等均用琥珀精雕细刻而成，部分墙壁上面还镶嵌了钻石、绿宝石和红宝石等名贵宝石。宫里的琥珀艺术品总重达6吨

之多。500多支蜡烛将大厅照得流光
四射……整座大厅富丽堂皇,让人眼
花缭乱。

琥珀宫是巴洛克风格和洛可可风
格完美结合的杰作。它是一件设计奇
妙的艺术珍品,在制作材料、雕刻艺
术和结构构思方面具有很高的价值,
在琥珀的光影运用上同样匠心独具,
整个房间呈现出迷人的色彩,是人类
想象力和创造力的凝结。

蜜蜡原石手把件

四、琥珀宫的毁灭——人类艺术杰作的遗失

第二次世界大战期间,琥珀宫被纳粹德国掠走。据英国《卫报》报
道,早在"二战"末期,琥珀宫就被纳粹的炮火摧毁。"二战"后人们
经过多次的寻找,终无所获。这样一座举世无双的艺术杰作也许永远
地沉睡在了第二次世界大战的瓦砾废墟之中。

五、琥珀宫的重建——无法磨灭的辉煌印记

1979年,苏联政府决定重建琥珀宫。从1982年开始,由几十位
修复专家和琥珀雕刻师组成的专家组根据仅有的几张照片,凭借他们
独特的艺术天赋,为完成这项属于全人类的艺术杰作而倾尽全力,有
关部门为这项工程投入了2亿美元的预算。耗时20多年,琥珀宫在2002
年前后完成了重建工作。

为了纪念俄英建交 200 周年，俄罗斯总统在琥珀宫里迎接了来访的英国女皇伊丽莎白二世。从那时起，琥珀宫这颗位于圣彼得堡的明珠又与世人见面了。但这件重新修建的宫殿是否与 50 多年前的那件原作一致，其工艺水平是否保持了原作的精华，也许没有几个人能说得明白。

绿珀水滴挂件

小贴士

昆虫寓意

　　中国古代，有一套成形的昆虫文化，许多地方都会以昆虫作为吉祥物，来祈求幸福，而琥珀中往往会有昆虫的存在，让这些昆虫的象征意义有了更大的提高。下面是从琥珀中昆虫身上衍生的一些寓意：

　　1. 红豆蚂蚁：相思

　　红豆，古有相思之意，素来人们将其视为传情之物。而红豆蚂蚁因其颜色红艳，小巧可爱，形似红豆而得名。堪称昆虫传情使者。

绿珀手把件
（内含昆虫）

植物珀原石手把件

2. 蜜蜂：幸福甜蜜

蜜蜂，作为勤劳与甜蜜的化身，受到人们的喜爱。更因我国拉祜族有在婚礼上点燃以蜂制成的蜂蜡烛的习俗，以喻婚后生活甜蜜幸福，充满光明，蜜蜂也被视为婚礼中的吉祥虫。

3. 蜘蛛：喜从天降，久别重逢

蜘蛛，中国民间俗称为"喜蛛"，相信看见它必定"喜从天降"。又有一说法，若清晨望见蜘蛛，定有亲人将从远方归来，故也喻久别重逢。

4. 天牛：财源滚滚，生意兴隆

天牛，远古时期被视为神虫，又代表古代的铜钱。因其牛气冲天的吉祥寓意，加上带来金钱的"天牛传说"，是以天牛被认为能让你财源滚滚，生意兴隆来寓意。

5. 金蝉：一鸣惊人

自古以来，金蝉蜕变被人们喻为金榜题名，事业有成。民间一般赠送金蝉来鼓励对方能够出人头地，一鸣惊人。

6. 螳螂：矫捷勇毅

它敏捷善战，在昆虫界中所向披靡。在东方人的思想中，一向把螳螂作为勇猛的象征。

琥珀藏虫

7. 螃蟹：横财大发，路路亨通

螃蟹，以其独特的横来横去，被人们称为"横行介士"，又因它肉厚蟹黄，富态十足，是以代表着横财大发，路路亨通。

8. 蚂蚁：善良，仁爱和义

蚂蚁，由字即可看出，一个"虫"字，一个"义"，它是和仗义有关的。所谓万物皆有灵，远古流传的"蚂蚁报恩"的故事让它被尊为善和仁义的象征。

9. 独角仙：王者风范，雄壮威武

独角仙，它的外形独特巨大，雄壮威武，力大无穷，号称"甲虫之王"。相传它原是二郎神麾下一员猛将，因错而被贬下凡间，期其能修身养性。

10. 七星瓢虫：活泼可爱

七星瓢虫，讨人喜欢的半圆球状鲜艳小甲虫，我国有的地区叫它"红娘"；又因其长得圆圆胖胖，也有的地区叫它"胖小儿"。

11. 蝎子：辟邪，保平安

西安关中地区民间流传的一种辟邪的五毒图案中的动物之一，寓意以毒攻毒，压而胜之，对伤害儿童的邪毒之物的制约，是长辈们对儿孙的成长祝福。

虫珀手把件

12. 黄蜂：财富，权力

这个说法由来已久，我国古时达官贵人相赠礼品，最喜欢的图案就是马、蜂、猴。意即"马上封侯"。

13. 蝴蝶：美丽，自由恋爱

植物珀原石手把件

蝴蝶的美丽毋庸置疑，美的化身当之无愧。众所周知的梁祝传说、蝴蝶泉传说，又让它成为爱情的代表，赋予你爱的勇气。

14. 蜈蚣：趋吉辟凶

相传蜈蚣有神奇的力量，古时甚至有蜈蚣是龙之镇物的说法。它能够压制厄运，帮你趋吉辟凶。

15. 油茶宽盾蝽：加官晋爵，名利双收

油茶蝽背部的斑纹与明式官帽惊人相似，明黄色又代表富贵。传说如果油茶蝽落在你的身上并转3圈，你将官运当头，有名有利。

16. 金龟：财富

金龟，古时叫"金钱子"，顾名即能思义。根据古说，家宅中有金龟进入将会带来财富。

17. 赤条蜂：一帆风顺

一帆本天成，但见顺风吹，快舟天边行。赤条蜂背后那黄黑相间的纹理寄予人们事事一帆风顺的美好期望。

琥珀、蜜蜡雕

琥珀是4000万年至6000万年前的针叶树木所分泌出来的树脂，经过地壳的变动而深埋在地下，逐渐演化而成的一种天然树脂化石。其间历尽沧桑，凝聚千万年大自然的灵气与精华，它的美丽、神奇，每每予人一番惊喜，自然的灵气与精华！自古以来，琥珀便为世人所喜爱，认为它们串成的珠子能够驱除病魔，且不分疆界、种

金珀＋血珀切面手牌

族、阶级、文化、宗教和时代背景，均对之赞赏有加！尤其是带雕工的琥珀工艺品，自古以来就是收藏爱好者的宠爱之物。一位收藏爱好者曾说："当你拥有了件真正的古代雕工琥珀时，你才能真正体会到凝聚在它身上的深沉浪漫的上古情调和它独特的人文之美。"

第一节 中国琥珀雕简介

古时候，琥珀的价值堪比金银，无论是在西方还是在中国，琥珀都是皇室贵族才能拥有的珍宝，有的国家还把琥珀当做交换货物的钱币或祭祀的用品，甚至用来制作皇室珠宝与庙堂神器。在欧洲，琥珀一直是传统意义上的宝石，无论是神话、小说、戏剧，都有它的存在，而在中国，琥珀的使用同样悠久。

黄蜜蜡双狮闹春

一、中国琥珀雕的历史传承

我国很早就将琥珀作为工艺品，这个历史要追溯到新石器时代。那时，人们开始使用琥珀雕刻的装饰物，从出土的遗址来看，这些装饰物都比较粗糙，多数未经过太多的打磨。在经历商、周、秦、汉后，琥珀的工艺开始精致起来，与古代的玉器形影相随，成为人们收藏的珍品。隋唐前，琥珀仅在我国的云南有发现，来源比较稀少，非常珍贵。这在《南史》中也有记载，当时一位姓潘的贵妃有一只"琥珀钏"，号

绿珀鼠

称价值竟然达到170万，这在当时不啻于天价。

不过到了辽金时期，随着北方的开发，琥珀开采量大升，琥珀制品剧增，价值也开始有所下降。1986年，内蒙古发现了辽开泰七年下葬的陈国公主与驸马的合葬墓，惊奇地发现两人身体几乎全被琥珀覆盖，经过清点，这个墓室里的琥珀佩饰达到2101件，这个数量是考古学家从未遇到过的。人们当时很难理解，这个由骑射发展而来的国家为何竟有这么多的琥珀，甚至超过了历代发现的琥珀总和。后来，人们才知道，原来辽宁抚顺煤矿中伴生着大量琥珀矿，随着北方游牧民族逐渐建立，并且接受了汉族先进的工艺技术，他们的琥珀加工业得到了飞速发展，于是造就了琥珀史上空前绝后的辉煌。单从琥珀生产数量上看，之后的任何一个朝代或国家都没有能够超越辽代。

到了清朝，按照新礼制，皇帝在祭拜天地时，必须佩戴琥珀制成的朝珠，皇亲国戚以及贵夫人的朝服上，也必须挂上琥珀朝珠。上层

的推崇，让社会都对琥珀有着特殊的追求，从而刺激了琥珀的需求量。为了满足需要，朝廷甚至常从国外进口琥珀。不过，由于大块的琥珀上品已经不易得到，很少再

蜜蜡寿桃印章

有大型的琥珀雕，更多的是制成摆饰、挂坠等。而且琥珀的硬度很低，雕刻时下刀比较难，而且保养时容易受损，所以到现在，清代流传下来的琥珀或蜜蜡工艺制品很少，工艺精湛而富有神韵的更不多见。

　　清朝的琥珀雕大多是观音像、钟馗捉鬼像、刘海戏蟾像、八仙像、寿星公像等带有吉祥意义的题材，这主要是因为大多数琥珀雕都是宫廷及富贵人家使用的，基本是陈设在屋中镇宅或纳吉所用，这些雕像雕工精细，神态与衣饰比较精美。不过，当时雕刻琥珀件的名家很少，进行琥珀雕刻的工匠都是从寿山石雕或翠玉雕者发展而来的，当时大多数人都兼顾雕刻不同材料，一些玉雕或者寿山雕的工匠都会忙里偷闲地雕刻一些琥珀制品。所以，对照当时的玉石雕刻工艺，与琥珀雕可说是一脉相承。清朝的琥珀雕还有一个共同的特点，一般琥珀雕的底座都会配上以镂空技法雕刻而成的黄杨、花梨甚至紫檀木座，这些

底座的材料比较名贵，雕法精致，与琥珀雕相得益彰，给琥珀雕增添了不少神韵。

二、古代琥珀雕的市场价值

琥珀雕有各种题材、各种造型，好的琥珀雕刻饰品都是工匠心血的结晶，不仅设计上独具匠心，工艺上更是精益求精，或是含蓄柔婉，或是豪情万丈，或是活泼可人，或是庄重严肃，每一件都是中国传统文化的凝结，这些琥珀雕流传到现在，都非常具有收藏价值。尤其是年代久远、雕工精细的琥珀雕更是昂贵，大多收藏家都会作为珍贵藏品，很

风化金珀手串

少会卖出，现在可说是一物难求。根据前几年的拍卖记录，一件18世纪琥珀雕佛狮小摆件，拍得了人民币35万元；而清代晚期的一件琥珀牛郎织女摆件，成交价达到28.6万元人民币；而一件17世纪琥珀太白酒像则以12.1万港币成交。

此外，民间还流传着一些带雕工的琥珀饰品，这些饰品体积较小，价值也不高，很适合百姓收藏。这些饰品的雕刻内容和象征意义都比

45

较丰富，佛像、观音、花鸟、生肖雕刻，是人们选择最多的。人们把琥珀雕看做神圣吉祥的物品，常常相互赠送，以表达亲近的感情。如送长辈，预示福寿康宁；送新人，表示喜气盈门；送婴儿，祝福健壮成长。在这里，凝结了智慧的琥珀雕有了更多的含义，原本神秘、优雅的"古代化石"更加人性化，深深地融进了老百姓的生活。

第二节　中国琥珀雕刻的题材

1. 神兽

在古代流传的典故中，天地万物都有灵性，尊崇它们，就会受到神灵的祝福。所以，人们常常把一种或数种动物、植物当做部族的图腾，代代崇拜下去。到后来，图腾被皇帝或王者用来象征自己的威严，将自己的强劲雄健与威猛异兽联系在一起，以威服下属、震慑

血珀雕貔貅鱼

对手，这甚至影响了中国雕刻的风格，琥珀雕也不例外。由于这些图腾大多是一些神异、少见的怪兽，如朱雀、奔马、飞龙、麒麟等，从各个角度代表着人们祈福安康的心愿，这些琥珀雕常被古人用来佩戴，

以起到辟邪、护佑等作用。

2. 吉祥图案

琥珀受到中国人的推崇，应该说除了祈祥求福心态外，还在于它晶莹剔透的外观，而在琥珀雕刻中，人们还吸取了我国玉石文化之传统，将一些常见的吉祥图案引入到琥珀雕刻中。最常见的吉祥图案要算是图案丰富的花卉，如牡丹、荷花、莲蓬等，这些花卉工艺精湛，而且都有深邃内涵；其次便是常见的鸟兽，如蝙蝠、喜鹊等，这些雕刻在中国文化中都有着吉祥如意的内涵，是琥珀雕刻的重要题材。

3. 佛像雕刻

在中国，琥珀与佛家有着重要的联系，在佛经中与金、银、琉璃、玛瑙、珊瑚、珍珠等珍贵物品，并列佛家七宝，视为吉祥、灵气的物品。而且，琥珀在医学上具有安定心神，帮助睡眠的功效，能帮助练气修心的人平静心智，更为佛家弟子拥戴。所以，佛像也是雕刻中的重要的内容，琥珀雕佛像也是人们非常喜欢佩戴的饰物。最常见的有：

弥勒佛

弥勒佛是公认的笑佛、幸运佛、快乐佛，一

蓝珀弥勒佛

张慈祥、快乐的大脸，让人们见之则亲。这种笑超越了国籍、种族、文化及宗教信仰，让人们相信，只要佩戴它，就能拥有他的笑容、慈心、善行，能时时欢喜，事事如意。

观音

观音是民间大慈大悲的象征，能给广大百姓带来善报。一般观音雕刻大多笑容可掬，在技法上比较圆润，笔调细致，线条栩栩如生，被认为是消除邪恶、护身祈福的佳品。

趋吉辟凶的传统心态构造，是中国民俗之树的躯干；丰富多彩的吉祥图案，就是蒂结在它枝头上的缤纷奇葩。

巧雕观音

第三节　琥珀鼻烟壶的鉴定与收藏

一、琥珀鼻烟壶的特点

树脂在土中经过千万年变化形成琥珀，有红、黄、绿、蓝等颜色，以及这些颜色组合成的混色，一般内部都有纤维状包裹体，纯净无瑕的极为罕见，而且琥珀形状大约为一球形，但非常不规则，而且体积也不大，一般来说，鼻烟壶制品要求质地干净，同时需要适合

血珀鼻烟壶

的原料来制作，所以琥珀并不适宜用来制作鼻烟壶。

但到了清代，琥珀被列入宫廷御用材料之一，而鼻烟壶则是清朝达官显贵们常见的饰品，所以仍有一些流传下来，但因琥珀质地脆弱，不易长期保存，所以传世稀少，收藏不易。

二、收藏时的注意事项

1.一些不法之徒常将合成树脂经过处理后，冒充琥珀，或将新琥珀作旧加工后，再做成旧器型，以新充老，图谋暴利，需要把玩者警惕。

2. 现在，市场上多有含木皮、昆虫的琥珀鼻烟壶，这些鼻烟壶多是人工制成的，这里要特别观察琥珀质地是否密集，如果质地软而且容易刻饰，大多是假琥珀。

第四节　琥珀雕的欣赏

琥珀雕质轻，折射率低，外观温润，给人一种柔和温暖的触感，被现在社会人们所重视，成为闲暇把玩的一个新物品。而随着收藏热的升温，许多人更将其作为收藏保值、增值的选择。泛泛而论，欣赏一件琥珀雕，应当从以下几个方面着眼：首先是艺术品本身的内涵；其次是布局和雕工；最后是艺术品的材质。下面是一些琥珀雕欣赏方面的知识，希望能对琥珀把玩者有一定的帮助。

一、琥珀雕刻的手法

琥珀雕刻手法同一般玉石雕刻比较类似，常见的有：

1. 阴雕

也称凹雕，是指在材料上雕刻的字样或图样是低于表面的，一般都是雕空成花或者成字。

2. 阳雕

也称凸雕，雕刻手法是将

琥珀阴雕密宗千手观音像

浮雕作品

图案绘好后，将图案以外的底部雕去，让字样或图样高于表面，而按高度的不同，可分为高阳刻、浅阳刻及高浅结合3种。

3. 浮雕

浮雕是指在材料上雕出浮于表面的形象或图案，通常浮雕要比阳雕的图案更突出，有时还把图案的背部镂空。

二、琥珀雕刻的工艺

人们把雕塑艺术称作文学中的诗，既是最普及的又是最高雅的。而雕刻艺术则如遣词造句的功夫，它直接决定着这首诗是否飘逸、脱俗。下面是一些琥珀雕工艺的知识，希望能对把玩者有一定启发。

1. 材质

可用做琥珀雕的材料，一般要具备"料大、色正"的特点，而以纯正的虫珀材料雕刻的艺术品更是难得，不过，市场上经常有些人用人工制成的假虫珀替代真品，这一点需要格外注意。

绿珀摆件

---

2. 题材

一件琥珀雕艺术品，最重要的还在于"艺术"二字，题材本身代表了工匠自身的创意、想象等心力。一件立意高远、题材新颖的琥珀雕是一个名家呕心沥血的作品，其中蕴涵的艺术价值是无法估量的。所以，衡量一件琥

象牙白蜜蜡发财猪

珀雕的价值，题材是一个重要方面，鉴赏时应当看是否有新意在其中，是否值得回味。

3. 艺术背景

作品创作的艺术背景也是不可忽视的，了解作品产生的历史背景、文化背景以及社会的基本状况，艺术家的生活经历、创作意图、艺术风格流派，都将会有助于鉴赏者作出一个公正而明智的评断。

4. 线条

琥珀雕中的线条并不复杂，一般可以分为直线、曲线和折线3种，3种线条有着各自的审美特性，在艺术创作中，有着各自的含义。如直线表示稳定、生气、力量、刚强；曲线代表的是优美、柔和等含义，给

寿桃

人运动的感觉；折线则表示转折、突然的感觉，而折线形成的角度则会给人上升、下降、前进等方向感。可以说，好的作品每一笔线条都会承载一定的含义。一件好的琥珀雕，线条美是必然的，要鉴别这种艺术品，可以从两个方面入手：第一，线条要有规律，一眼看去应该成格局，而不是东涂西抹、杂乱无序的随意组合；第二，线条的流动应当是自然的，如果刻意营造，则会流于下乘。

5. 立体效果

雕塑是立体造型的艺术，因此，空间感在琥珀雕中应该特别地注意。首先要多角度欣赏，注意艺术品在空间中呈现出的整体艺术效果；其次，要考虑雕塑与外部环境是否搭配和协调，刻意从材质、色彩、光线变化等方面整体考虑艺术效果。

6. 细节处理

琥珀雕的艺术价值还在于一笔一画的功力，大师的手笔一方面在于高超，一方面则是因为精致，每一笔都会体现出创造性、独特性，尤其在细节处理上，如线条、表情等，看其是否被利用和创作得恰到好处，将帮助你鉴别一件琥珀雕的价值。

7. 韵味

琥珀的特点在于温润如玉，璀璨胜金，晶莹

金珀戒指

似钻。一般的琥珀都具有非常强的可塑性，可以细碎，可以稳重，也可以张扬。而琥珀雕的韵味，则是指艺术品内的气韵和神韵，这些风格融入琥珀雕中，会让其境界大大不同。技法、题材相同的琥珀雕，有的会让人沉醉，有的则会使人味同嚼蜡，这就是因为其本身表现出来的韵味，这点需要鉴赏者在收藏过程中细细品味。

切面项链

小贴士

中国的吉祥图案

　　吉祥图案在我国装饰艺术中占据重要地位，石器时代的岩画或石刻创作中，就有众多吉祥图案出现，在经历了商周的青铜器、秦汉的画像石、隋唐的石雕、宋元的花鸟画、明清的织绣等过程后，吉祥图案成为一个完整的系统，被老百姓广泛接受，成为民俗传承的重要途径。一些常见的吉祥图案如下：

　　九世安居：一般为9只鹌鹑嬉戏菊花间，"鹌"象征"安"，"菊"谐音"居"，9只代表九世，用作合家团圆、同堂和乐的祝愿。此外，也有画一只鹌鹑在菊花旁，地上撒一些落叶，谐音"乐业"，寓意"安居乐业"。

　　八仙庆寿：八仙的故事起自唐代，"八仙庆寿"图多为众仙聚集在松柏台上，仰望云间、口颂祝词的画面，除祝福寿星寿比南山的祥瑞外，图中还融入松柏、寿石、祥云、瑞霭、仙禽、蟠桃等，都有着吉祥的意义。此外，民间还将八仙各自的法宝，如扇子、笛子、花篮、宝剑等，组成不同的装饰图案，也有上述含义，称"暗八仙图"。

　　金玉满堂：金玉满堂这个图案比较简单，通常画一盆盛开的团花，这些团花在中国文化中有吉祥意义，象征繁花似锦，寓意吉祥，在多种场合，尤其过年过节的时候使用。

　　刘海戏蟾：刘海是五代人，得八仙中的汉钟离点化，被吕洞宾度为神仙，他曾下凡寻找从他那里逃走的一只3腿蟾蜍。后人经过演绎，绘成刘海手拿金钱逗弄一只3腿蟾蜍的图样，刘海从此成为财神的替身，也寓意招财进宝。

　　狮滚绣球：狮子在人们心目中有着压邪镇凶的作用，像看宅门的石刻狮子就是取了这个寓意，舞狮子送祥瑞也是因此产生的习俗。狮子滚绣球，好事在后头，这句话生动说明

琥珀　蜜蜡把玩与鉴赏

55

了狮滚绣球的含义。

松鹤长春：松树和鹤，都是常见的东西，但在古人的观念里，它们都是具有奇异作用的神物，据说寿过千年的松树，流出的松脂会变为茯苓，服者长生；鹤则是凡人登仙后的坐骑。"松鹤长春"常表现一老人站在松树下，旁边有一只鹤，常用来敬献给高龄夫妇，祝颂双双长寿。

太平有象："太平有象"通常是画一只白象驮着一只古瓶，古瓶上可以有各种吉祥的图样，也有的画一只大象形状的宝瓶。这种图案常常被人们寓意天下太平。另外，还有画一白象驮一盆万年青，意为"万象更新"。

五蝠伴月：这是清代最为常见的吉祥题材，一般在一个小池上画一轮圆月，周围的祥云精心刻成五蝠展翅的图样，结构自然、线条流畅。在民间工艺制品上随处可见。

辈辈封侯：小猴骑在大猴背上，做出好玩的动作。由于"猴"与"侯"同音，而"背"与"辈"同音，大、小猴则是两辈，寓意为代代权贵。

高官厚禄：这是明代常见的图案，画面很独特，一般是一人头戴高帽，喻示"高官"（"高冠"），人后面藏一鹿，以"后鹿"喻"厚禄"。

吉庆有余：由戟、磬、双鱼等物品巧妙组合，"戟"与"吉"、"磬"与"庆"、"鱼"与"余"同音，同时在中国习俗中戟是辟邪器物，磬是喜庆奏器，鱼被视为富余吉庆的象征，传达了人们希望生活幸福、美满富裕的心愿。

马上封侯："马上封侯"是由猴子、骏马组成的图样。"猴"与"侯"同音，猴子骑于马上，则有"马上、立刻"之意，寓意功名指日可待。

玉堂富贵："玉堂富贵"将牡丹、海棠、玉兰花合成一图，3花相拥。玉兰花中含有"玉"字，"棠"与"堂"同音，同时宋代翰林院也有"玉棠"之称，而牡丹又称富贵花，寓意辉煌富贵。

伍 琥珀及蜜蜡的鉴赏

琥珀和蜜蜡，曾被人称为"时光的固化，瞬间的永恒"。因为其中凝结着千百年的历史，同时被人们创作出无数传说，自古以来琥珀就被视为珍品。据说古罗马时一块琥珀雕成的小雕像比一名奴隶还值钱。古罗马与拜占庭贵族穷尽心力寻找琥珀，甚至留下"琥珀之路"的寻宝轨迹。18世纪时琥珀在美国也被视为珍宝，目前美国国家历史博物馆内还保存着玛莎·华盛顿所戴过的琥

彩虹切面手牌

珀。琥珀在我国古人心中的价值，在《南史》的记载中也能看到，东晋侯所爱的潘贵妃，"琥珀钏一支，值170万"，可见一斑。

第一节　收藏、装饰皆相宜

在生物学家或地质学家看来，琥珀包含的历史演变过程让它变得极具研究价值，从而成为珍贵的文物。而对于收藏爱好者和投资者来说，他们看重的是琥珀的投资价值。在市场上，琥珀原

金珀貔貅手牌

石的价格和黄金差不多，一般都是按克计算，而琥珀工艺品除了品质外，还要衡量手工工艺的高低。另外，具备稀有内含生物的琥珀，往往被收藏者看做奇货可居的至宝。

作为收藏品，琥珀的价值在于年代是否久远、做工是否精细，尤其是古董琥珀更是昂贵。我国古代把天然琥珀作为器物、装饰品的并不

龙兽牌

多，各种琥珀挂珠、鼻烟壶、手串、摆件、料胆瓶等，都是比较近的年代制作的，虽然价值稍低一些，但也是琥珀爱好者眼中的最爱。

作为装饰品，琥珀的价值在于外形、颜色等因素，晶莹剔透、色泽娇艳的琥珀总是时尚的宠儿，深受世人喜欢，在越来越多的人开始佩戴琥珀后，琥珀的时尚元素与远古的气息完美地融合起来。

鸡蛋蜜木鱼

在中国，琥珀象征着快乐与长寿；而在欧洲，琥珀的意义也类似，一直都被视为吉祥物，常被用来送给新婚夫妇或初生婴儿。随着装饰功能的出现，琥珀开始被制成时尚的款式，面市后受到热烈的欢迎。琥珀与金银搭配非常协调，而制成戒指、胸针、吊坠、手链等装饰物后，也可以独自体现时尚气息，逐渐成为一种新潮流。在我国，尤其在北京、上海、深圳等大城市里，人们已经普遍接受了琥珀饰品。

第二节　琥珀、蜜蜡的品评

在国际市场上，琥珀质量主要是根据颜色、大小、透明度、杂质含量以及内部生物包裹体的珍稀程度等因素来进行分级的，天然的琥珀更是千金难求。有意收藏与投资琥珀的人，应把握如下基本原则，以便找到最具收藏与投资价值的琥珀。

一、颜色

琥珀有红色、蜜黄色、金黄色、棕色、褐色、绿色等多种颜色，颜色以浓、正者为上品；按特征则分别被称为血珀、金珀、香珀、石珀、蜜蜡等。其中金黄色和蜜黄色是最受欢迎的颜色，而红色、橙色、绿色、褐色、白色则十分罕见，极具收藏价值。不过，一些商人为了牟利，经常用人工合成的金黄色琥珀或高温烘烤制成的血珀来蒙骗收藏者，收藏这些琥珀时应特别注意。

清中晚期琥珀寿星雕塑摆件

二、透明度

琥珀对透明度的要求比较高，必须洁净无裂纹，天然的琥珀可分为透明、半透明和不透明3类，透明度越高越佳，半透明和不透明的一般被列为次、劣品。不过，蜜蜡比较特殊，如果色彩特别漂亮、大方的，也可以算作上品。现在，市场上的琥珀由于加工和美观需要，大多经过加热处理，这种琥珀的透明度比天然琥珀要大大提高。所以，在看琥珀透明度时，一定要分辨清楚它是天然的还是经过加热的。

三、大小

绿珀手串

琥珀的挑选和宝石类似，都是越大越好，越大越贵，所以收藏琥珀时，最简单的鉴别方法就是看其块头的大小及是不是够完整，一般来说琥珀体积能到拳头大小，就可以算是极品了，体积越小则收藏的价值也会随之降低。现在有种加工工艺，会将琥珀融合重铸，这种琥珀的块头将远远超过天然的，因此是否曾经加热融合一定要辨认清楚。

四、内含物

有内含物的琥珀一般价值都比较高，而内含物的大小、类型、美观、完整度、清晰度、数量都是决定这种琥珀价值的关键。现在，还难以对内含物进行量化的分类，一旦遇到这种琥珀，可以根据市场情况决定其价值。常见的包裹体一般是昆虫或植物叶片，如果琥珀内是美观

老蜜蜡原石项链

的动植物，收藏价值会极大提高，而如果其中内含物是两栖动物、小型哺乳动物、鸟类等，那将是非常少见的极品，具有极高的收藏价值。

五、有内容、景致的琥珀

琥珀的内含物有的时候会形成一定的景致或者色彩，如晚霞、晨雾、森林、草原等，这种琥珀也具有很高的价值。这种琥珀一定要注意原石的自然美，应尽量保持其原生态的完整，不要有人为的破坏，否则，这种琥珀就要大大贬值了。

六、国际市场潜力

收藏琥珀要看其保值和增值的能力，这就要分析它在国际市场上的潜力了。比如曾有段时间，波罗的海琥珀的产量大增，竞争激烈，这类琥珀的价格大幅度下降，反而是之前反应平淡的抚顺琥珀占据了市场的高端，价格一路攀升。

琥珀原石手把件

第三节　区分琥珀、蜜蜡真伪

一、天然琥珀与天然的硬树脂、松香、柯巴树脂的区别

从天然树脂深埋地下到形成琥珀的过程中，树脂的成分、结构和

琥珀貔貅花篮

特征会发生明显的变化，再经过冲刷、搬运、沉积等地质作用，前后成分会大相径庭，而这也是树脂与琥珀的差异所在。现在市场上流行一种硬树脂，这是一种地质年代很近的树脂，成分、物理性质与琥珀类似，但不含琥珀特有的琥珀酸，而且很容易受到化学腐蚀，比较容易被用来做仿冒品。

松香也是一种树脂，但是它根本没有经过地质作用，没有琥珀那样的多姿多彩，一般都是呈不透明的淡黄色，有光泽、硬度小，表面有许多呈油滴状的气泡，导热性差，市场价值与琥珀有天壤之别。还有一种柯巴树脂，是一种地质年代约100万年的树脂，非常容易受到化学腐蚀，是与琥珀最为相似的一种仿制品。

二、要注意识别琥珀仿制品

天然琥珀属于有机宝石，并不是人工可以合成的，但是有些商人为了牟取暴利，往往采取仿制的手法。现在，市面上琥珀的仿制品很多，一定要注意区别，比较常见的有塑料、玻璃两类，不过相对于硬树脂、松香和柯巴树脂来说，这些仿制品还是比较容易分辨的。

三、纯天然琥珀与处理后的琥珀

上面所提到的琥珀仿制品都属于用琥珀之外的材料假冒。还有一种方式更难鉴别，即用天然琥珀为原料，经过处理后，制成价值更高的琥珀品种。这种琥珀看起来依然是正宗的琥珀，

蜜蜡原石手把件

但它的价值却远远逊于没有加工过的纯自然的琥珀。目前，市场上对纯天然琥珀处理的方式大致有以下几种：

1. 熔融琥珀

这种方法是将琥珀放在加热的植物油中，等其慢慢熔融，待冷却后，琥珀的表面色泽会变浅，透明度会提高，也就变相提高了琥珀的品相，从而能卖得更好的价钱。市场上，有一种流行的琥珀花，就是用这种方式处理而成的，商家往往将琥珀放入加热到90℃的色拉油中，浸泡一会儿捞出，这样，天然琥珀中的气泡会发生破裂，琥珀会扩散成星星状或是水母状，从而形成琥珀花。

鸡蛋蜜十八罗汉手串

琥珀花的制作是出于人们审美的需要,但是正常琥珀经此处理后,往往会欺骗许多人的眼睛。经过热处理的琥珀,会有放射状的裂纹,而内部也会因高温全部爆裂,购买琥珀的时候可以注意这些细节。

2.压制琥珀

琥珀以大为佳,但总有一些质量不错的小琥珀,不能直接用于饰

蜜蜡平安扣

品的制作,抛弃又可惜,于是人们将这些"鸡肋"琥珀碾成碎屑,然后加温、加压,制成一块大琥珀,这就是所谓的压制琥珀。早期的压制琥珀,由于工艺流程,常会形成定向排列的拉长气泡,同时有类似云雾的条带夹杂其中,而后期由于采用新式压制工艺,琥珀成品透明度高,辨认起来更加困难。现在,市面上的很多琥珀都是用琥珀粉压制成的,尤其是很多的虫珀,都是使用这种方式制作完成的,这种琥珀与真品比较相似,需仔细辨认。

3.染色处理

在琥珀收藏中,稀有颜色的琥珀属于珍贵的品种,如浅绿色、淡紫色等,所以有人

琥珀鱼片项链

65

会尝试对琥珀进行染色处理。辨别是否经过染色处理的方法，就是在裂隙中仔细观察，看是否存在深色染料，如果发现，可初步判断琥珀经过染色处理。

　　以上几种处理方法，熔融琥珀是加热优化，压制琥珀是再造，虽然成品不如真品，但还不算假冒，是珠宝业界承认且允许的，只要不以假乱真，哄抬到天价，仍然是允许销售的。而有些合成的琥珀，会在天然琥珀中加上一些塑料原料、染料等，重新加温或压制，这样的再生琥珀已经严重破坏了琥珀的天然结构，完全属于弄虚作假，是比较让人不齿的。购买者一定要小心由琥珀碎料压制形成的琥珀和颜色透明鲜艳的彩色蜜蜡，这些琥珀很可能都是经过人工入色处理，已经丧失了琥珀天然的特性，收藏时要小心区分，免得花了钱却落下满腹牢骚。

第四节　琥珀、蜜蜡的鉴别方法

　　琥珀是一种十分珍稀的宝石，非常具有收藏价值。据资料记载，立陶宛是琥珀重要产地，那里矿区的琥珀原料达50～60美元/千克，而在波兰琥珀原料市场上，每千克则达到

金珀两个隔珠为血珀的十八子

200美元以上。现在，市面上的琥珀大多鱼龙混杂，价格相差巨大。但因为大量廉价赝品而忽视琥珀的投资价值，那无疑是因噎废食了，学会如何辨别天然琥珀是投资、收藏琥珀的一个前提条件，而要学会辨别琥珀，就先要了解什么琥珀是值得收藏的。

一、眼观直测法

眼观法比较简单，但是需要较丰富的琥珀知识，主要靠观察琥珀的表面和内部构造。我们知道，琥珀是碳氢化合物，含有琥珀酸，在这些因素的影响下，真正的琥珀都会有着轻柔而温暖的光泽，而其他合成品给人的感觉则是冷冷的。琥珀的自然形状一般都是块状、

蓝珀观音

清代琥珀老翁鼻烟壶

饼状、瘤状、肾状和其他不规则形状，这是因为琥珀形成过程中，总要经历一些不完美的过程，如混入气泡、灰尘，产生裂纹等，也不可能每个琥珀都是一样的。如果欣赏一条琥珀项链时，发现它的每个珠子都非常相似，而且透明，或者琥珀内含物都十分完整，那么可以初步判定是仿制品。

在琥珀漫长的形成时间中，总会受到环境中各种元素的浸入，一般颜色都不是单一的，呈现出多样性，而人工再生琥珀的颜色都是单调、暗淡的，这一点可以用来辨别真假琥珀。要注意的是，天然琥珀的表面在发生氧化作用后，也会变暗。

琥珀在形成中，总会产生一道类似鳞片的花纹，这个花纹从不同角度看是不同的，有种若隐若现、时有时无的感觉，而假琥珀也会在里面注进去鳞片花纹，但这些人工合成物透明度不高，鳞片发出暗淡的光芒，缺少灵气，从不同角度观察时，景象不会有太大变化。

二、手感

用眼看过后，需要用手来摸一摸，琥珀属于中性宝石，触感比较恒定，一般不会过冷或过热，而用其他材料仿制的琥珀通常会有冷冷的感觉。另外，琥珀摩擦能产生静电，这个简单的物理

鸡蛋蜜原石手把件

原理可以用来鉴别琥珀，可以用干燥的丝绸摩擦琥珀，能吸起碎纸屑的才是真货。

三、声音测试

将没有镶嵌物品的琥珀珠子放在手中，轻轻搓动它们，仔细聆听，会有很柔和并略带沉闷的响声；而如果是塑料或者硬树脂的话，这种

声音会比较清脆。

金角蜜玫瑰花

四、气味

天然琥珀迅速摩擦后，几乎不会有任何香味，而硬树脂、松香、柯巴树脂等会产生较强的松香味。

五、外力测试

除了靠感觉辨别真假外，可以适当借助外力来区分琥珀的真伪，这些方法更加有说服力。

1. 试剂测试法

乙醚和酒精是区分琥珀和其他树脂仿制品的首选试剂，既便宜又方便。当用酒精擦洗琥珀表面时，发黏的是树脂，琥珀则没有反应。用乙醚擦洗时，效果类似，不过对柯巴树脂没有多大效果。另外，琥珀与其他一些现代树脂很难区分，如苯乙烯树脂、贝壳松脂、达马树脂等，可以将这些树脂放在乙醚中浸泡 2～5 分钟，会发现仿制品将膨胀

手串

和软化，真的则没有变化。如果担心琥珀被乙醚腐蚀，可以将乙醚滴在表面，挥发后，仿制品表面会留下一个斑点。

2. 紫外线照射法

在生活中，人们最常接触的应该是验钞机的紫外线了，将琥珀放到验钞机下，观察其发出的荧光，如果荧光呈淡绿、绿、蓝、白等色泽，则为真品，像塑料琥珀是不会变色的。

3. 生理盐水测试法

生理盐水测试法的优点在于原料常见，鉴别方便，它主要是根据琥珀的比重设计的一种测试法。因为琥珀比重一般在1.05～1.10之间，低于塑料、玻璃等常见的仿制品，这时可以按1:10的比例配成生理盐水，将琥珀放入其中去检验真伪。如果在这种溶液中，琥珀刚好浮起，则是真品，大多数塑料和玻璃则下沉。这种辨别方法唯一不足的是不能辨别人工琥珀，有着一定的局限性。

金珀手串：一团和气

4. 放大镜观测法

选择10倍以上的放大镜观看琥珀表面，天然琥珀中会有流动的生长纹和圆形气泡，压制琥珀的气泡多为长条形，可以凭此点鉴定部分琥珀。

5. 偏光镜测试法

将天然的琥珀放在偏光镜下，会在琥珀上方发现一道天然的七彩光，而人工处理的或其他手段处理的琥珀则没有这种现象发生。

6. 火烧、热针测试法

用火烧法鉴定琥珀和蜜蜡也是比较常见的，将琥珀

老蜜蜡手串

用火烧10分钟，真品会由红变黑，并逐渐碳化直至形成结晶，但琥珀的形状不会变。如果人工合成的，大约4分钟左右就会冒出黑烟，同时放出辛辣的气味。值得注意的是，蜜蜡中有一种松香蜜蜡，燃烧后会有轻微的松香味，要与松香的特征区别开来。如果琥珀不方便火烧，

清代琥珀雕开窗双鱼水盂

可取一根细针，用火烤热后刺入其中，然后趁热拉出，如果受热处产生黑烟，并且有一种松香气味，就是真琥珀；若是冒白烟并产生塑料臭味，则可认定是赝品。另外，在拉出针的时候，有丝被牵连出来的时候，是假琥珀，真品则不会。

7. 切割法

切割法是用小刀切割琥珀表面，看切下来的碎屑形状，如果是碎状物，就是真琥珀，如果切下来时呈片状，则可以断定是赝品。不过，由于火烧法、切割法会对其造成伤害，一般并不提倡使用。如果经过上述检测，还是不能判断出真假，最可靠的方法就是送至附近的宝石鉴定中心，通过精密的科学仪器鉴定出来的结果是最可靠的。

第五节　虫珀的鉴别

国外学者给了虫珀一个美丽的称号——水晶棺，它完整地保留下了生活在亿万年前的昆虫、植物、土壤、水等，让这些生物等躲过时光的侵袭，以另一种方式展现在我们面前。了解虫珀，首先要知道琥珀里的昆虫是怎样留下来的。这个过程，其实复杂而又巧合，首先必须是有尚未凝固的黏稠状的树脂；其次，还必须有在周围飞翔盘旋的昆虫；然后，树脂又会巧而又巧地滴落在昆虫上，并且达到昆虫无法逃脱的地步。在经过千万年地质变化后，才能形成今天看到的琥珀。

虫珀在琥珀中属于比较珍贵的类型，它的价值更主要的还在于其内含物的价值。真正从亿万年前留下来的虫珀，其中的昆虫都是现在已经绝迹的，光从研究角度来看就非常珍贵，更不用说收藏价值。所以，一般来说，虫珀是比较稀少和珍贵的，这里特别介绍一下关于虫珀的鉴别。

目前，虫珀作假的手段很多，由于虫珀的外层树脂从感观上分别，和现代树脂没有太大的区别，于是作假者就会收集天然琥珀的碎块，将其加热直到熔解，然后在里面放置昆虫、植物的标本，经过加压冷却后，形态和天然形成的虫珀几乎没有太大的区别，这甚至让许多行家走了眼。

虫珀手把件（出于尼加拉瓜，内含一只螳螂）

在鉴别这种虫珀时，要留心里面内含物的形态、类型以及其中的气泡形态。因为即使再作假，里面的昆虫或植物也很难仿制成上亿年前的类型，特别是现代的苍蝇、蚊子或蜘蛛，虽然物种一样，但在外观、细节处都发生了很大变化。此外，由于人工作假，天然树脂从熔化到冷却的过程中，会有一些不同于天然琥珀的变化：人工压合的工序会让琥珀的封闭处出现一连串的气泡，这些气泡的排列有一定规律，观察仔细一些就能发现，这些气泡在天然琥珀中是很少的，并且没有任何规律。

其他鉴别虫珀的方法，和鉴别普通琥珀是差不多的，不过有一点，可以作为参考：天然虫珀，都是在昆虫有生命状态下形成的，所以留在琥珀中的状态是挣扎、扭曲而有立体感的；人工压合的虫珀，都选取死后的昆虫，放入后，昆虫不再活动，身体都是保持充分伸展，一般都是扁扁平平。另外，由于波罗的海出产琥珀比较多，虫珀出现的

73

概率也比较大，辨认波罗的海虫珀，有很关键的两点：

1.橡树毛

波罗的海虫珀形成时，一般都是橡树开花的时候，这个时候毛絮会满天飞，松脂中多少都会融入这些东西。

2.白色粘裹物

波罗的海的虫子被松脂粘住死亡后，体内往往会有腐烂的液体流出，这种液体与松脂反应后，会形成白色的粘裹物，包住整只虫。这种现象大多出现在波罗的海地区的琥珀中，并不是每个地区都会有的，一般看到虫珀中有这种现象，可以初步判定真伪。

虫珀仿制品更多的是使用柯巴树脂、合成树脂或塑料。现在，鉴别虫珀的最佳人选莫过于资深的古生物学家，这些研究者对于昆虫在亿万年中的发展和演变非常熟悉，他们凭借丰富的知识，能看到许多普通人无法辨认的细节。

陆 琥珀、蜜蜡的保养

血珀小提琴

在对琥珀的质地和鉴定有了足够的认识以后，关于琥珀在收藏和佩戴中的存放和保养就是一个值得注意的事情了。一件精致的琥珀艺术品，往往令人喜爱非常。但如果平常存放不当或是由于懒惰疏于保养，就很可能给其带来伤害，则价值大跌或报废，令人惋惜，这就涉及一个保养的问题。那么，如何正确地搁置琥珀？怎样才能使它在存放和保养的过程中不受损伤或在保持原样的基础上更加温润、光泽呢？下面我们就来解决日常生活中会遇到的这些问题。

第一节　琥珀、蜜蜡的存放

一、温度和湿度

琥珀首饰一般害怕高温，所以不要长时间将琥珀放在太阳下暴晒或是放在暖炉边烘烤。

琥珀容易脱水，除了预防高温，还要避免放置在干燥的环境中，以免过于干燥而产生裂纹。

还要尽量避免强烈的温差变化，只有让琥珀保持在一个适当而稳定的温度下，琥珀的保养才能做到最佳。

琥珀+银饰吊坠

清代的琥珀手链和官员用的
大朝珠（右边 4 个）

值得注意的是血珀，血珀色调重且熔点较低，夏天尤其应该注意，不要让它吸取太多的热量，防止高温下变形，应该妥善保存在阴凉的地方。

清中期琥珀雕龙凤双狮瓶

二、化学试剂

琥珀对化学试剂比较敏感，尽量不要让其与酒精、汽油、煤油等物品接触，另外，含有这些物品的指甲油、香水、发胶、杀虫剂等溶液，也对琥珀有腐蚀的危险，一定要远离。

琥珀不宜放在化妆柜中，避免受化妆品腐蚀。另外，喷香水或发胶时，最好先将琥珀首饰取下来，以免沾染。

三、防碎防裂

琥珀硬度低，比较脆，受到外力撞击很容易变裂或变碎，琥珀还应该避免摩擦、刻划等，所以最好单独存放，不要与钻石等尖锐或是硬度高的首饰存放在一起。

第二节　琥珀、蜜蜡的保养

保养是琥珀和蜜蜡收藏的难题，正确保养，不但能延长琥珀的寿命，还能为琥珀添加独特的魅力。形成琥珀和蜜蜡的树脂在长期地质变化中，已经失去挥发成分并聚合，但本身还是具有一定的硬度、耐磨性和耐腐蚀性的，在日常生活中，正确的保养并不是很难。

一、正确清洗

与硬物摩擦是琥珀的一个致命伤，因为这样会使它的表面产生细痕，使其渐渐变毛糙。许多人在清洗琥珀的时候，往往会选择毛刷或

琥珀原矿手把件

牙刷，这是非常错误的习惯，这种方法只能使琥珀渐渐粗糙，黯然失色。

血珀密宗观音

琥珀如果长期外露搁置或者佩戴过久，都会染上灰尘和汗水，如果有意清洗，比较适合采用加入中性清洁剂的温水浸泡，待浸泡一段时间后，用手轻轻搓净，取出后，再用柔软的东西擦拭干净，完全干燥后，在表面滴上少量的橄榄油或茶油，轻轻擦拭，让其布满整个琥珀，擦拭一段时间后，用布将多余油渍沾

掉，琥珀即可恢复光泽。

二、恢复光泽

琥珀佩戴时间久了，表面会因氧化作用而失去光泽，遇到这种情况，不适合用力清洗，而是应该使用女性用的丝袜、棉布等柔软的物品包住琥珀，在其表面轻轻摩擦，直到微微发热，这种温热使琥珀内部有所感应，消失的光泽会重新展现出来。

三、长期佩戴把玩

保养琥珀最好的方法，还是长期佩戴，因为人体的油脂和温度能让琥珀产生细微的反应，有益于外表的美观，可以越戴越光亮。经常抚摸琥珀，也可以

金珀红花佛珠

使它与人心灵相通，显现出琥珀的魅力。

四、小心受损

如果琥珀受到严重的损伤，千万不要自己处理，有的玩家采用首

饰店中的超声波首饰清洁机器去清洗琥珀，这种方法其实仅仅适合一般首饰，对于琥珀是非常不适合的，很可能会将琥珀洗碎，所以一定要交由专业人士来帮忙处理。

柒 精品赏析

万字莲花

　　血珀挂件，背面阴雕而成。

　　"卍"是古代的一种护符、符咒，大乘佛教认为它是佛祖释迦牟尼胸部所现的瑞相，武则天时期把它读为"万"，意为"吉祥万德之所集"。

　　莲花生长于淤泥，绽放于水面，由烦恼而至清静，象征着清凉的智慧和清静的功德。

　　此挂件质感圆润、线条流畅，以黑底托白，静谧肃穆之感顿生。

千手观音

血珀挂件，背面阴雕而成。

千手观音全称千手千眼观世音菩萨，也叫千眼千臂观世音菩萨，是佛教六观音之一。佛经记载，观世音菩萨曾发誓："若我当来堪能利益安乐一切众生者，令我即时身生千手千眼具足。"后变出葡萄手、甘露手、白佛手、杨柳枝手等千手模样。据说众生无论是渴求财富还是消病免灾，千手观音都能大发慈悲，广施百般利乐。

此挂件雕工精巧，神韵独具，堪称一绝。

巧雕关公

手把件、外部原石、内部蜜蜡。

关羽人称"武圣"，位列西蜀五虎将之首，文韬武略兼而有之，以忠贞、守义、勇猛和武艺高强著称于世，其温酒斩华雄、千里走单骑、水淹七军、单刀赴会等故事早已被人们传为佳话。从南北朝开始，直到清朝末年，关羽受历代封建帝王褒封不尽，"侯而王，王而帝，帝而圣，圣而天"，庙祀无垠。他名扬海内外，成为历史上最受崇拜的神圣偶像之一。

此手把件雕刻者巧妙地将琥珀矿原石与琥珀的材质、色泽结合起来，依势象形，惟妙惟肖地勾勒出了关公的神态。

六字真言戒指

血珀戒指，内部阴雕而成。

六字真言即"唵嘛呢叭咪吽"，是藏传佛教中最受尊崇的一句咒语，密宗认为它是佛教把这6个字视为一切的根源，主张信徒循环往复持诵思维，这样才能广积功德、消灾圆满。藏学家研究认为六字真言意是："啊！愿我功德圆满，与佛融合！"也有人认为是："好哇！莲花湖的珍宝！"

此戒指雕工细腻，神韵凝重，颇有心、佛合一之感。

83

麒麟呈祥

　　老蜜蜡手把件。

　　麒麟是古代传说中的一种动物，俗称四不象，形似鹿，头有角，身披鳞，尾似牛尾。在中国文化中，麒麟主太平、长寿，与龟、凤、龙合称四灵。古人以麒麟为仁兽、瑞兽，以它象征祥瑞，神话传说中也多把它当做神仙的坐骑。

　　此手把件采用老蜜蜡雕刻，通体金黄灵动，神韵兼备。

佛头

　　黄蜜蜡手把件，立体雕刻。

　　佛，亦译为觉者、知者，有"觉悟真理"之意，是佛教修行者的最高
果位。佛是艺术作品的传统题材，此作品独出新意，以佛头为题材，以
上等蜜蜡黄蜜蜡为材质，把佛头雕磨得玲珑剔透、颇具神韵。

蜜蜡带皮巧雕

带皮蜜蜡手把件。

此手把件外形似人的一只脚，雕刻者依势象形，在蜜蜡的浆皮上雕刻出脚底板的老皮和纹路，形态逼真、惟妙惟肖，观之玩之，让人难掩赞叹之情。

鼠来宝

    鸡蛋蜜摆件。

    作品通体嫩黄，晶莹灵动，为上等蜜蜡鸡蛋蜜精雕而成。此鼠来宝基座缠龙绕凤，灵气十足。主体部分为一元宝，元宝顶部置一卧鼠，卧鼠形态惟妙惟肖，与元宝呼应，既彰显了"鼠来宝"的主题，又使整件作品妙趣横生。

龙牌

血珀手把件。

龙是中华民族永远的图腾，以龙为素材的艺术作品不仅表现形式丰富，而且载体千变万化，以血珀为载体的龙牌就是很有张力的一种。此血珀龙牌正面阳雕一条舞动在祥云中的巨龙，整幅图案在血珀暗红色的基调烘托下肃穆、神秘而又让人顿感亲切，实属佳品。

如意

血珀手把件。

"如意"音自梵语"阿娜律"，是自印度传入的一种佛具，头为云形或灵芝状，柄微曲，呈"心"形，其制作材质多为金、玉、竹、骨等。法师讲经时常手持一如意，记经文于其上，以备遗忘。民间多把如意作为象征祥瑞的器物，大型如意陈列于厅堂，小型如意馈赠亲友，以示吉祥、顺心。

此手把件为血珀精雕而成、外形流畅、明净，手感圆润，观之玩之，愉悦感油然而生。

貔貅

　　血珀仿古雕摆件。

　　相传貔貅为古代的一种凶猛的瑞兽，雄兽为貔，雌兽为貅。古时貔貅有一角兽与两角兽之分，一角兽称"天禄"，两角兽称"辟邪"，现多为一角造型。据说貔貅以财为食，能纳四方之财，且护主心强，能镇宅辟邪。把貔貅置于家中，可令家运好转，家业兴旺。

　　此摆件为血珀精雕而成，腹部明净透亮，头尾浑厚雄健，颇有护主之气。

龙龟

    蜜蜡立体雕摆件。

    龙龟是根据民间传说构想出来的一种动物，一般为龙头龟身的造型。中国传统文化里常以"鲤鱼跃龙门"比喻出身清贫经过一番努力而一朝显贵。此蜜蜡摆件根据这一文化心理，巧妙地把龙头龟身结合起来，取龙、龟二灵之长，辅以蜜蜡的万年神韵，精雕细琢出龙龟这一独特形象，透露出浓浓的富贵、吉祥之意。

文财神

血珀挂件，背面阴雕。

中国民间流传着两种财神：文财神和武财神。一般认为，赵公明和关羽为武财神，福禄寿三星中的禄星、财帛星君以及比干、范蠡为文财神。虽然文财神所指众多，但其形象大多脸色白净、面带笑容、锦衣玉带。文财神主管人间钱帛、爵位，在民间有很高的认知度。

此挂件为血珀阴雕而成，正面光洁圆润，背面刀工细腻考究，为财神类题材雕刻之上品。

福禄寿

蜜蜡摆件。

福禄寿三星起源于远古星辰崇拜，后经道家演绎创造，逐渐形成了清晰的福禄寿形象。福星对人间善行施赠幸福，禄星掌管荣禄贵贱，寿星又名南极老人星，可以给人增寿。福禄寿三星常被表现于民间艺术中，福星多手持一"福"字，禄星手捧一元宝，寿星一手托寿桃，一手拄拐杖。

此套蜜蜡摆件以福禄寿三星为题材，以蜜蜡为材质对三星的头部进行精雕细琢，节奏明快，线条流畅，为三星题材之上品。

鼻烟壶

　　血珀摆件。

　　鼻烟壶是东西文化融合的产物，由明末清初传入中国的烟盒演化而成。它不仅是盛装鼻烟的器具，更是人们显示身份和地位的艺术佳品。中国的鼻烟壶造型小巧玲珑，材质繁多，制作工艺精美细致，鼻烟壶集雕刻、琢磨、镶嵌等工艺于一身，深受上至皇亲国戚，下至平民百姓的钟爱。

　　此摆件采用血珀精雕、琢磨而成，刀工细腻、通体圆润、灵透，深得鼻烟壶审美之真谛。

手镯

金珀佩件。

手镯也称"钏"、"手环"、"臂环"、"跳脱",是一种佩戴在手腕部位的环状装饰品,其材质多为金、银、玉等名贵物品。它有非常悠久的历史文化渊源,早在氏族社会,就被男女广泛佩戴。研究认为,手镯萌生于一种朦胧的爱美意识,并与图腾崇拜、巫术礼仪有关,人们多认为佩戴手镯可以驱邪避灾,从而给自己带来好运。

此手镯佩件由金珀琢磨而成、雕工细腻,做工考究,辅以金珀特有的温润、神秘气质,更显品位和情趣。

手串

蜜蜡手串。

"知足常乐"语出老子《道德经》："祸莫大于不知足，咎莫大于欲得，故知足之足常足矣。"这一颇具中国哲学色彩的成语告诉人们只有知道满足才能快乐的道理，人们常从心理角度进行自我劝诫，并把它当做一种人生的智慧和境界。

此手串以蜜蜡为材质，把10颗珠子穿成一串，每颗珠子上刻有笑面罗汉头，简约、朴素而寓意深远，可谓形神合一。

捌

琥珀、蜜蜡市场概览

琥珀阳雕麦穗

琥珀是一种装饰艺术品，也是一种收藏品，在世界各地流传很广，除了被加工成弧面宝石，或被用做戒指、吊坠等首饰外，通常被加工成饰物，饰物价值与其大小和形态有关。而一些较大块或者含有独特昆虫、植物的琥珀，则会原块保存，有的可能被用于雕刻，不过，如果不是名家手笔的话，琥珀加工对琥珀价值的影响很小。

目前，世界琥珀市场交易额很大，每年都在2亿美元以上，国际性的市场供需都比较旺盛，主要集中在美

黄蜜蜡金蟾

国、加拿大、意大利、日本等国家，在盛产琥珀的国家俄罗斯、波兰也有不小的市场，像波兰的许多城市都是世界闻名的原料集散地，该国的琥珀加工业也主要集中在这些区域，占据了世界上大部分琥珀交易额。而在俄罗斯，最大的琥珀矿区要算加里宁格勒，制成的成品积极向其他地区推介，成为当地最具特色的旅游产品。

总的来看，琥珀在国际市场上的供应量是比较充足的，不过，中低档琥珀在市场上的需求仍然很大，特别是一些流行饰物，由于属于时尚品，更新迅速，非常受佩戴者的青睐。近年来琥珀的开采量比较大，琥珀市场价格有了一个调整，不过，琥珀除了做珠宝、饰品外，还有药用及工业用途，而天然琥珀能广泛应用于这些方面，所以价值仍然是较高的。

从国内来看，琥珀艺术品在20世纪80年代中期前比较低迷，收藏者不多，直到中国台湾地区的宗教文物市场盛行，各种佛家器物走入大众家庭后，琥珀才开

波罗的海琥珀藏虫手把件

琥珀元宝

始从这些地方传入内地，收藏者日益增多，价格才一路上涨。近几年来，许多欧美艺术爱好者看中琥珀收藏的潜力，竞相加入争购琥珀的队伍，加上国内艺术市场与国际的接轨，琥珀开始成为收藏品市场的新宠，市场价格一次又一次攀升。

1992年，中国台湾地区举办了一次艺术品拍卖会，会上展出了一条琥珀佛珠，最后拍卖价竟然达到120万元新台币，这个价格是琥珀市场上从未出现过的，给国际艺术品市场也带来轰动。从此，琥珀的收藏开始被人们重视，内地各类大型拍卖会上的琥珀艺术品拍卖成交价也在悄悄上涨。2004年，清代初琥珀牡丹花形洗在北京拍出了41.8万元人民币的价格，2005年，清代双色琥珀人物鼻烟壶拍出了10.45万元人民币。而目前国内各类大型拍卖会上，都有天然琥珀艺术品亮相，虽然天价出现得不是太多，但还是比较乐观，一般清代的琥珀挂珠、手链等小饰品，成交价都在2万元至5万元人民币之间。据行家分析，琥珀交易保持这个不错的态势，主要是因为海外的一些琥珀收藏者已经注意到中国内地拍卖市场的广阔，都在悄悄进入，琥珀艺术品收藏的行情正渐入佳境。

附 录

近年琥珀拍卖价格

日期	作品	成交价
1992 年	琥珀佛珠	120 万元新台币
2003 年	明琥珀玛瑙桃核	7 万元人民币
2004 年	清初琥珀牡丹花形洗	41.8 万元人民币
2005 年	清中期双色琥珀松下人物鼻烟壶	10.45 万元人民币
2007 年	日本丹山作琥珀五鱼图鼻烟壶	57.5856 万元人民币

三好图书网
www.3hbook.net

好人·好书·好生活

我们专为您提供
健康时尚、**科技新知**以及**艺术鉴赏**
方面的**正版图书**。

入会方式

1.登录**www.3hbook.net**免费注册会员。
(为保证您在网站各种活动中的利益，请填写真实有效的个人资料)

2.填写下方的表格并邮寄给我们，即可注册
成为会员。（以上注册方式任选一种）

会员登记表

姓名：_____   性别：_____ 年龄：____

通讯地址：_____

_____

e-mail：_____

电话：_____

希望获取图书目录的方式（任选一种）：

邮寄信件 □   e—mail □

为保证您成为会员之后的利益，请填写真实有效的资料！

会员优待

·直购图书可享受优惠的
折扣价
·有机会参与三好书友会
线上和线下活动
·不定期接收我们的新书
目录

网上活动

请访问我们的网站：
www.3hbook.net

三好图书网
www.3hbook.net

地　址：北京市西城区北三环中路6号 北京出版集团公司7018室　　联系人：张薇
邮政编码：100120　电话：(010)58572289　传　真：(010)58572288

新书热荐

品好书，做好人，享受好生活！